Christian Schlieder

Autodesk® Inventor® 2014
Einsteiger-Tutorial

Viele praktische Übungen am
Konstruktionsobjekt HYBRIDJACHT

Christian Schlieder

Autodesk® Inventor® 2014

Einsteiger-Tutorial

Viele praktische Übungen am
Konstruktionsobjekt HYBRIDJACHT

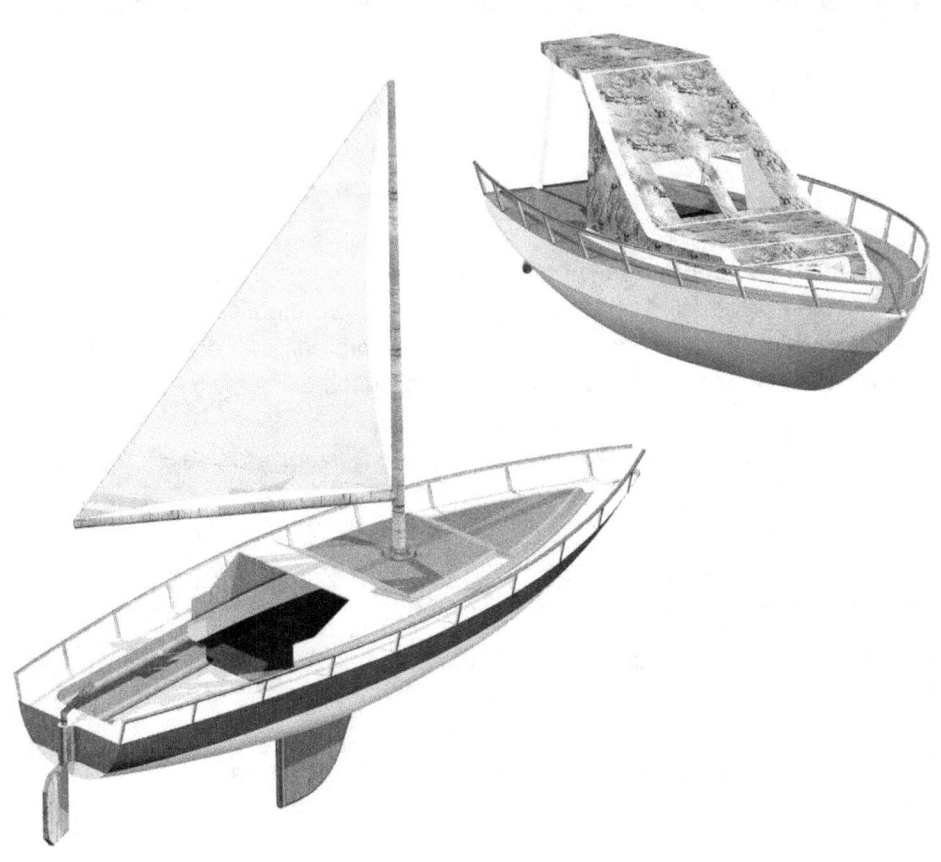

Weiterführende Literatur

Inventor® Grundlagen in Theorie und Praxis	Autodesk® Inventor® Aufbaukurs Konstruktion	Autodesk® Inventor® Einsteiger-Tutorial Holzrückmaschine

ISBN: 9783732237265	ISBN: 9783732242368	ISBN: 9783848251827
24,95 Eur	18,95 Eur	18,95 Eur

Frontal-Schulung

Frontal-Schulungen können in Ihrer Firma oder in unseren Räumlichkeiten in Berlin stattfinden. Jeder Teilnehmer erhält eigene Schulungsunterlagen, die Schritt für Schritt abgearbeitet werden. Der Trainer klärt Fragen direkt und ausführlich an den einzelnen Arbeitsplätzen, wodurch eine intensive und individuelle Betreuung möglich ist.

Gern senden wir Ihnen einen Kostenvoranschlag.

Kostenlose Videos auf www.YouTube.com

Viele Übungen aus unseren Büchern stehen kostenlos als Videos auf der folgenden Website zur Verfügung:

http://www.youtube.com/user/DerCADTrainer

Alle im Buch enthaltenen Informationen wurden nach bestem Wissen und Gewissen geprüft.

Da Fehler nicht ausgeschlossen werden können, übernehmen Autor und Verlag weder Verantwortungen, Verpflichtungen oder Garantien jeglicher Art, noch Haftung für die Benutzung der bereitgestellten Informationen. Autor und Verlag übernehmen keine Gewähr dafür, dass die beschriebenen Vorgehensweisen oder Verfahren frei von Rechten Dritter sind.

Das Werk ist urheberrechtlich geschützt. Übersetzung, Nachdruck, Vervielfältigung, sonstige Verarbeitung des Buches oder von Teilen daraus sind ohne Genehmigung des Autors nicht erlaubt.

Autodesk® Inventor® 2014 ist ein eingetragenes Markenzeichen von Autodesk, Inc. und/oder seiner Tochtergesellschaften und/oder der Tochterunternehmen in den USA und anderen Ländern.

© 2013 Christian Schlieder

ISBN

9783732241712

IMPRESSUM

Dipl.- Ing. Christian Schlieder
www.cad-trainings.de
Fax: +49 (0) 3212 - 1122290

HERSTELLUNG UND VERLAG

BoD - Books on Demand, Norderstedt
www.BoD.de

INHALTSVERZEICHNIS

1 Einleitung   6
    1.1 Inhalt   6
    1.2 Befehle   6
    1.3 Projektordner erstellen   7
    1.4 Hilfedatei des Programms   7
    1.5 Kostenlose Programmversion   7

2 Bearbeiten der Anwendungsoptionen   8
    2.1 Steuerungstools und Maustasten   12
    2.2 Der ViewCube   13
    2.3 Die Navigationsleiste   13
    2.4 Die Funktionen der Maustasten   13

3 Einzelbenutzer-Projekt erzeugen   14

4 Basisrumpf   16
    4.1 Bauteil „Rumpf_Speedboot" erstellen   17
    4.2 Ebenen mit Versatz erzeugen   18
    4.3 XY-Ebene sichtbar machen   19
    4.4 2D-Skizze auf 4. Arbeitsebene erzeugen   20
    4.5 Achsen projizieren und als Konstruktionsobjekte definieren   20
    4.6 Zeichnen der ersten Linien mittels dynamischer Werteeingabe   21
    4.7 2D-Skizze auf 3. Arbeitsebene erzeugen   22
    4.8 1. Skizze ausblenden, Hauptachsen projizieren   23
    4.9 Linienkonturen zeichnen, bemaßen und abhängig machen   23
    4.10 2D-Skizze auf 2. Arbeitsebene erzeugen   25
    4.11 2D-Skizze auf 1. Arbeitsebene erzeugen   26
    4.12 2D-Skizze auf XY-Ebene erzeugen   27

4.13	2D-Skizzen einblenden, Ebenen ausblenden	28
4.14	Volumenkörper als Erhebung erzeugen	28
4.15	Volumenkörper abrunden (variable Rundung)	29
4.16	Volumenkörper spiegeln	31
5	**Aufbauten (Speedboot)**	**32**
5.1	2D-Skizze für Basiskörper zeichnen	33
5.2	Basiskörper extrudieren	34
5.3	2D-Skizze für Differenzkörper zeichnen	35
5.4	Differenzkörper extrudieren	36
5.5	Aufbauten abrunden (konstante Rundung)	36
5.6	Trennebene erzeugen	37
5.7	Volumenkörper in zwei Hälften trennen	37
5.8	Kopie der Datei als „Rumpf_Segelboot" speichern	38
5.9	Aufbauten mit einer Wandstärke versehen	38
5.10	Ebene für neue 2D-Skizze erzeugen	39
5.11	2D-Skizze für Lüftungsöffnungen zeichnen	39
5.12	Lüftungsöffnung einfügen	42
5.13	Bugspitze mit einer Kugel versehen	43
5.14	Ebene für neue 2D-Skizze erzeugen	44
5.15	2D-Skizze für Dachverstrebung zeichnen	44
5.16	Dachverstrebung als Rippe erzeugen	45
5.17	Dachverstrebung spiegeln	46
5.18	2D-Skizze für Fensteraussparungen erzeugen	47
5.19	Fensteraussparungen extrudieren	48
5.20	Farben zuweisen	48
5.21	Ebenen ausblenden, Datei speichern	49
6	**Aufbauten (Segelboot)**	**50**
6.1	Bauteil „Rumpf_Segelboot" öffnen	51

	6.2	Bugspitze mit einer Kugel versehen	51
	6.3	2D-Skizze für Materialschnitt zeichnen	52
	6.4	Materialschnitt erzeugen	53
	6.5	2D-Skizze für Sitzecke zeichnen	54
	6.6	Bodenbereich der Sitzecke extrudieren	55
	6.7	2D-Skizze reaktivieren, Sitzbereich extrudieren	56
	6.8	Verschieben einer Fläche	57
	6.9	Aufbauten mit Wandstärke versehen	57
	6.10	Sitzbereich abrunden	58
	6.11	2D-Skizze für Ruderhalterung zeichnen	59
	6.12	Ruderhalterung extrudieren	61
	6.13	Ruderhalterung abrunden	61
	6.14	2D-Skizze für das Schwert zeichnen	62
	6.15	Schwert extrudieren	63
	6.16	Schwert abrunden	63
	6.17	2D-Skizze für die Masthalterung zeichnen	64
	6.18	Masthalterung als Drehobjekt erzeugen	66
	6.19	Farben zuweisen, Datei speichern und schließen	66
7	**Ruder und Pinne**		**67**
	7.1	Bauteil „Ruder" erstellen	68
	7.2	Basisskizze des Ruders zeichnen	69
	7.3	Ruder extrudieren	70
	7.4	Pinne als Quader erzeugen	70
	7.5	Ruderblatt fasen	71
	7.6	Pinne abrunden	72
	7.7	Pinne mit Gewinde versehen	72
	7.8	Ruderblatt abrunden	73
	7.9	Farben zuweisen, Datei speichern und schließen	73

8	**Schiffsschraube**	**74**
8.1	Bauteil „Schiffsschraube" erstellen	75
8.2	Ebenen mit Versatz erzeugen	76
8.3	Erste 2D-Skizze zeichnen	77
8.4	Zweite 2D-Skizze zeichnen	78
8.5	Dritte 2D-Skizze zeichnen	79
8.6	Flügel der Schiffsschraube als Erhebung erzeugen	80
8.7	Flügel polar anordnen	81
8.8	Zentralen Kugelkopf erzeugen	82
8.9	Antriebswelle mittels Zylinder erzeugen	83
8.10	Farben zuweisen, Datei speichern und schließen	83
9	**Mast, Baum und Segel**	**84**
9.1	Bauteil „Mast_Baum_Segel" erstellen	85
9.2	Basisskizze des Masts zeichnen	86
9.3	Mast extrudieren	87
9.4	Basisskizze des Baums zeichnen	87
9.5	Baum extrudieren	88
9.6	Basisskizze des Segels zeichnen	89
9.7	Segel als Flächenelement (Umgrenzungsfläche) erzeugen	91
9.8	Farben zuweisen, Datei speichern und schließen	91
10	**Baugruppe „BG_Speedboot"**	**92**
10.1	Baugruppe „BG_Speedboot" erzeugen	93
10.2	Bauteile platzieren	94
10.3	„Rumpf_Speedboot" innerhalb der Baugruppe bearbeiten	95
10.4	Bohrung für Antriebswelle in den Rumpf einbringen	95
10.5	Bohrung für Antriebswelle spiegeln	96
10.6	Ausrichtung der Schiffsschraube optimieren	97
10.7	Antriebswelle in Bohrung platzieren	97

	10.8	Schiffsschraube spiegeln	99
	10.9	Bauteil „Reling" aus Baugruppe heraus erstellen	100
	10.10	Erste 2D-Skizze zeichnen	101
	10.11	Zweite 2D-Skizze zeichnen	102
	10.12	Strebe sweepen	103
	10.13	3D-Skizze für Anordnung erstellen	104
	10.14	Strebe entlang der Rumpfkante anordnen	104
	10.15	2D-Skizze für Handgriff zeichnen, 3D-Skizze reaktivieren	105
	10.16	Handgriff sweepen	106
	10.17	Reling spiegeln	107
	10.18	Farben zuweisen, Datei speichern	108
11	**Baugruppe „BG_Segelboot"**		**109**
	11.1	Baugruppe als „BG_Segelboot" speichern	110
	11.2	Schiffsschrauben aus Baugruppe entfernen	110
	11.3	Reling-Höhe bearbeiten	110
	11.4	„Rumpf_Speedboot" durch „Rumpf_Segelboot" ersetzen	111
	11.5	Bauteil „Mast_Baum_Segel" und „Ruder" platzieren	112
	11.6	Mast platzieren	112
	11.7	Ruder am Heck befestigen	113
	11.8	Baugruppe sichern	114
12	**Rendern**		**115**
13	**Schlusswort**		**116**
14	**Index**		**117**

1 Einleitung

1.1 Inhalt

Dieses Buch ist ein Tutorial für **Autodesk® Inventor® 2014**. Anhand eines komplexen Übungsbeispiels lernt der Leser den Umgang mit dem Programm.

1.2 Befehle

Die folgenden Programmbefehle werden verwendet:

2D- und 3D-Skizzenbereich

- Abhängigkeiten
- Bemaßung
- Block erstellen
- Bogen (drei Punkte)
- Drehen

- Ellipse
- Geometrie einschließen/ projizieren
- Konstruktion
- Kreis (Mittelpunkt)

- Linie
- Punkt
- Rechteck
- Stutzen
- Versatz

Bauteilbereich

- 2D-Skizze erstellen
- 3D-Skizze erstellen
- Bohrung
- Drehung
- Erhebung
- Extrusion
- Farben zuweisen
- Fasen
- Fläche verschieben

- Gewinde
- Hülle
- Kugel
- Lüftungsöffnung
- Quader
- Rechteckige Anordnung
- Rippe
- Runde Anordnung

- Rundung
- Spiegeln
- Sweeping
- Trennen
- Umgrenzungsfläche
- Versatz von Ebene
- Zylinder

Baugruppenbereich

- Abhängig machen
- Ersetzen durch

- Erstellen
- Platzieren

- Rendern
- Spiegeln

1.3 Projektordner erstellen

Vor der Arbeit im eigentlichen Programm sollte auf dem PC ein neuer Ordner erstellt werden. Dieser Ordner wird als Projektordner dienen, in dem alle Komponenten dieser Projektarbeit gesichert werden. Erstellen Sie an geeignetem Speicherort einen neuen Ordner mit der Bezeichnung „*Inventor-2014-Hybridjacht*".

1.4 Hilfedatei des Programms

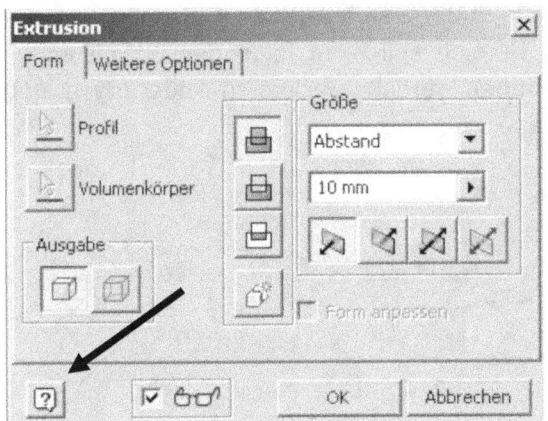

Das Programm beinhaltet eine umfassende Hilfedatei. Zusätzlich zu den Hilfen und Anmerkungen in diesem Buch kann diese zur Klärung offener Fragen verwendet werden. Achten Sie auf das kleine ⁇ *Fragezeichen* in den Befehlen des 3D-Bereiches. Hier gelangen Sie automatisch in den entsprechenden Bereich der Hilfe. Bei manchen Befehlen (zum Beispiel im 2D-Bereich) ist dieser Button nicht verfügbar. Hier kann alternativ die Taste „*F1*" verwendet werden.

Die Hilfedatei greift automatisch auf das Internet zu, sofern das Programm eine Zugriffsberechtigung auf eine vorhandene Internetleitung besitzt. Alternativ kann kostenlos eine lokale Hilfe unter folgendem Link geladen und installiert werden:

> *http://images.autodesk.com/adsk/files/Autodesk_Inventor_2014_Help_DEU.exe*

1.5 Kostenlose Programmversion

Eine Testversion (30 Tage) des Programms kann kostenlos unter dem Link *http://www.autodesk.de/adsk/servlet/download/item?siteID=403786&id=18975589* heruntergeladen werden. Studenten haben die Möglichkeit, eine kostenlose Vollversion zu erhalten. Hierfür muss unter *https://students.autodesk.com/?nd=register* ein Account angelegt werden.

Unter *http://students.autodesk.com/?nd=download_center* kann die Software anschließend geladen werden.

Starten Sie das Programm *Autodesk® Inventor® 2014*.

2 Bearbeiten der Anwendungsoptionen

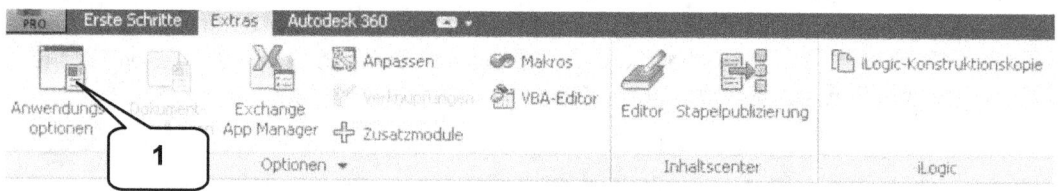

Wechseln Sie ins Register *Extras* und starten Sie in der Befehlsgruppe *Optionen* den Befehl *Anwendungsoptionen* (1). In diesem Bereich sollen im folgenden Schritt einige grundlegende Programmeinstellungen vorgenommen werden. Die ersten Änderungen sind im Register *Anzeige* (2) wie folgt zu übernehmen:

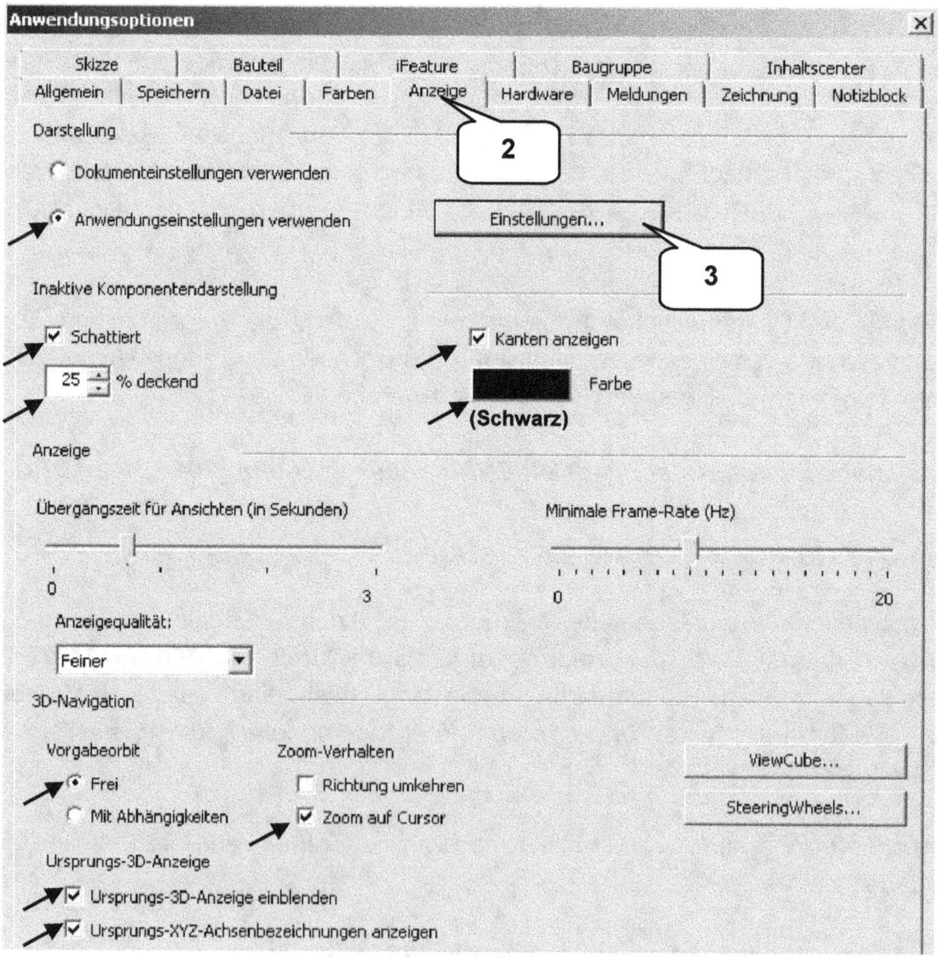

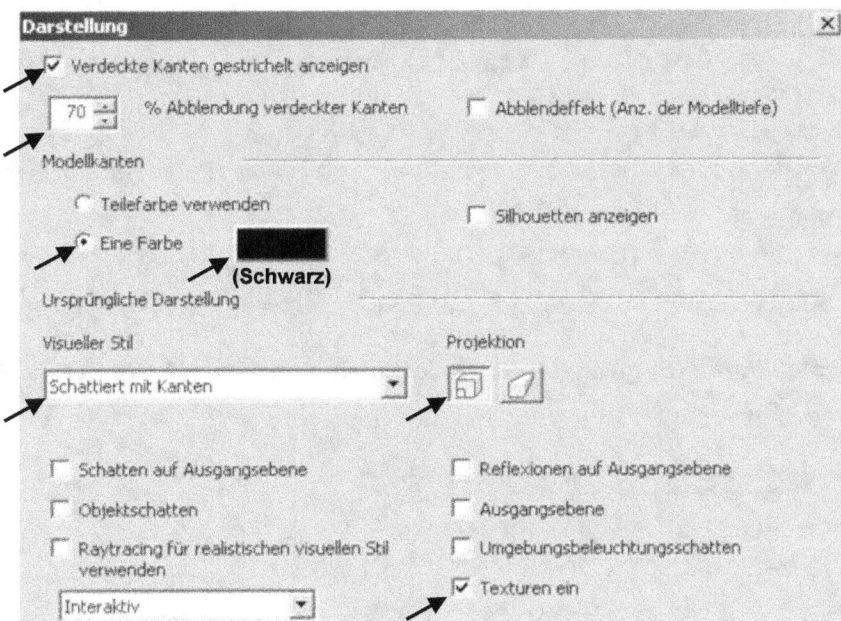

Über die Option *Einstellungen* (3) sind dann die oben stehenden Änderungen zu übernehmen. Anschließend wechseln Sie ins Register *Zeichnung* (4). Dort sind die folgenden Grundeinstellungen zu übernehmen:

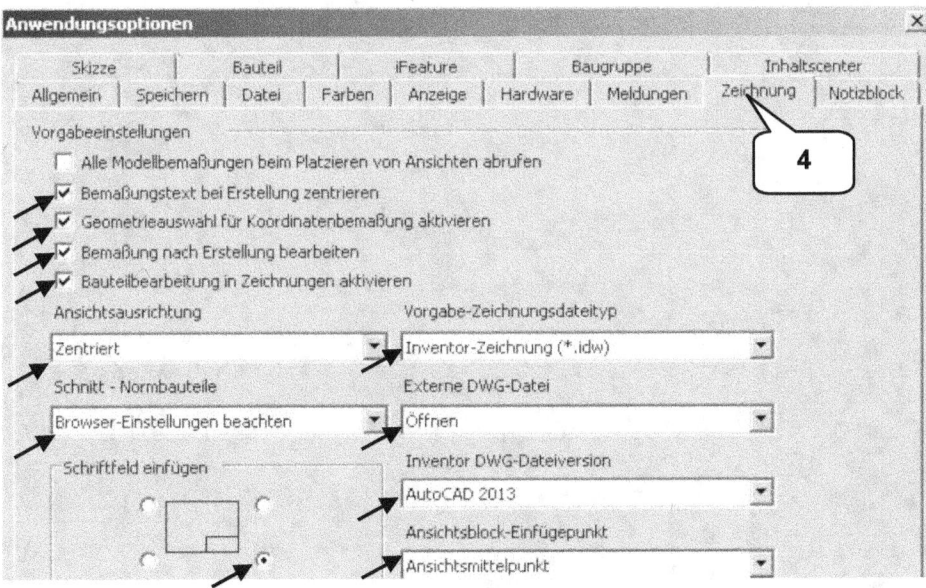

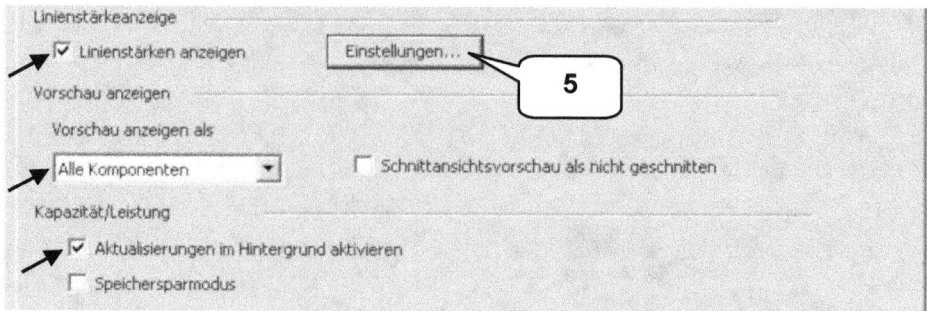

Über die *Einstellungen* (5) gelangt man zu den *Linienstärkeeinstellungen*, welche ebenfalls zu ändern sind:

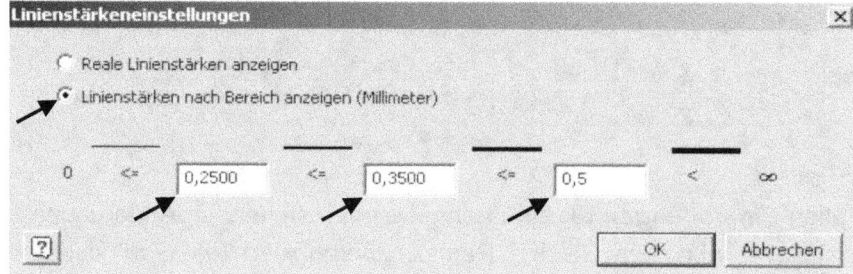

Im Register *Baugruppe* (6) sind dann die folgenden Änderungen zu übernehmen:

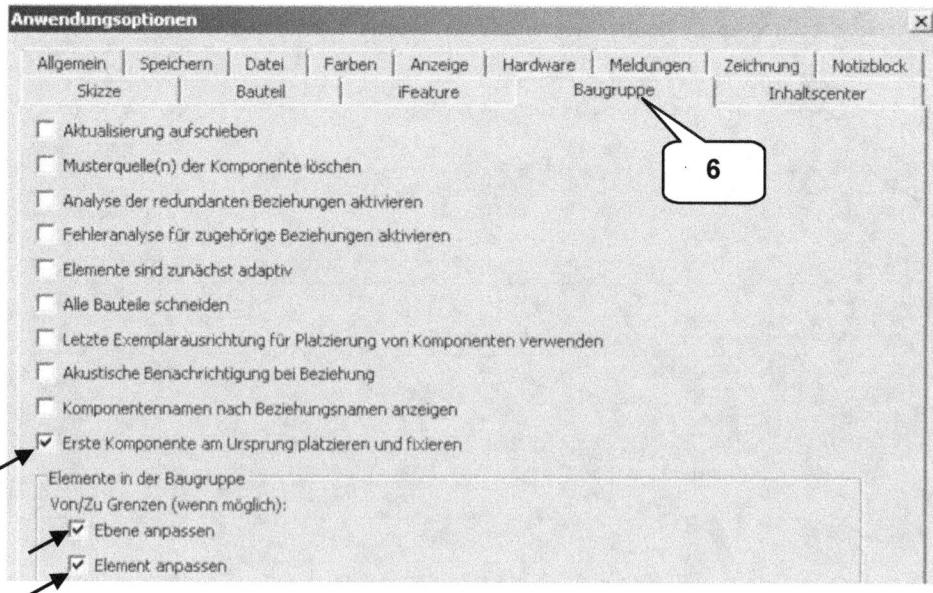

Bearbeiten der Anwendungsoptionen

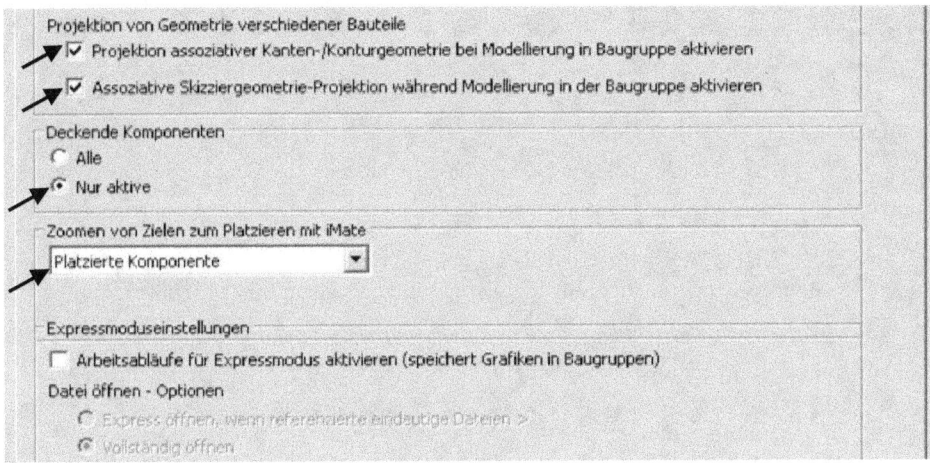

Weitere Änderungen erfolgen im Register **Bauteil** (7):

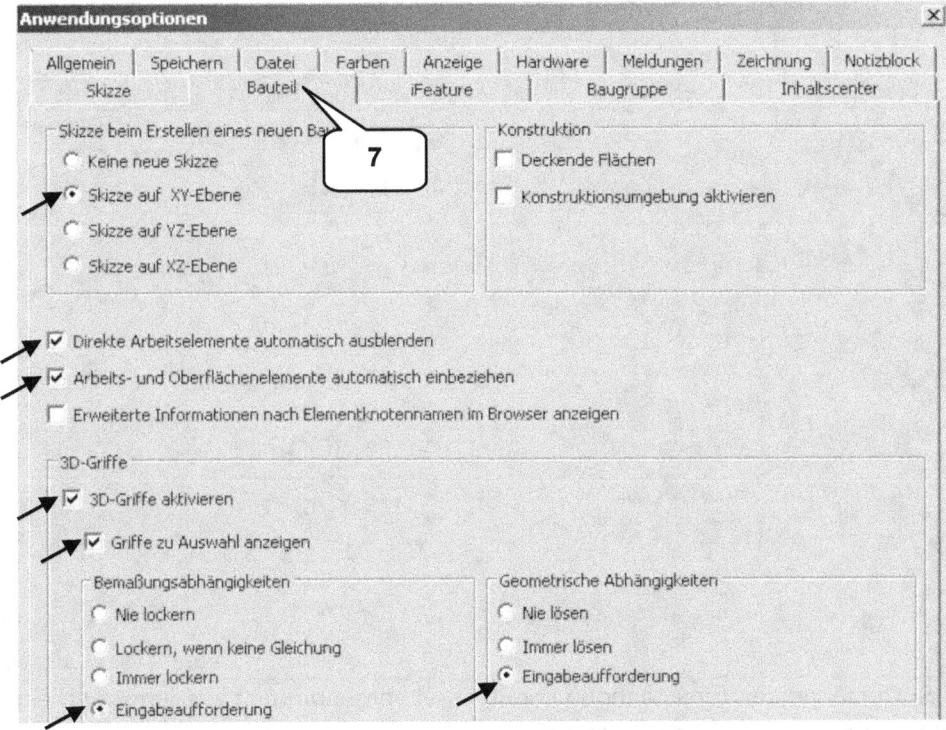

Abschließend sind die Einstellungen im Register **Skizze** vorzunehmen (8). Nachdem auch hier alle Grundeinstellungen übernommen wurden, können die Anwendungsoptionen mit **OK** (9) bestätigt und geschlossen werden.

Bearbeiten der Anwendungsoptionen

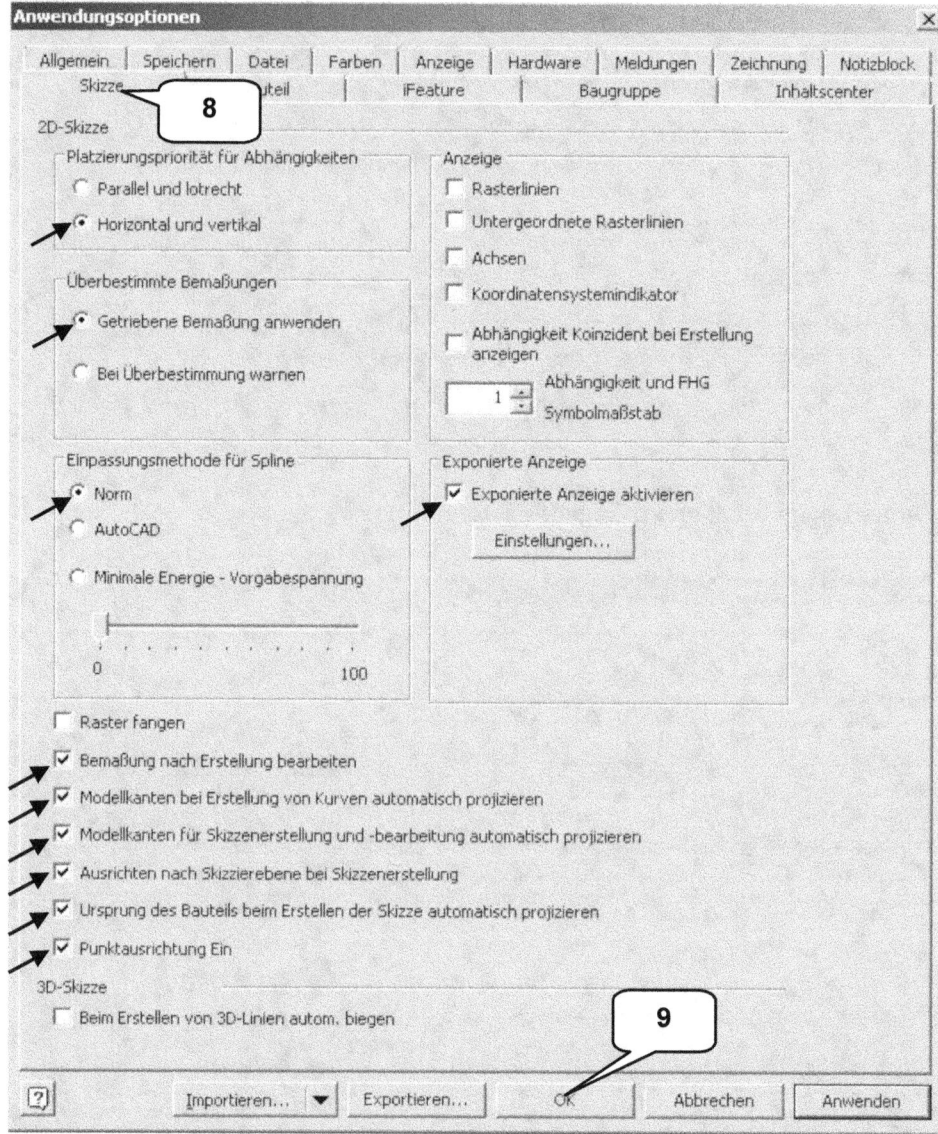

2.1 Steuerungstools und Maustasten

> **HINWEIS**: Die folgenden Einstellungen können erst vorgenommen werden, wenn eine Datei (Bauteil/ Baugruppe) erstellt/ geöffnet wurde!

Das Programm verfügt über verschiedene Tools, die es dem Anwender ermöglichen, häufig verwendete Befehle rasch starten zu können. Im Register **Ansicht** und der Befehlsgruppe **Fenster** muss die **Benutzeroberfläche** gestartet werden.

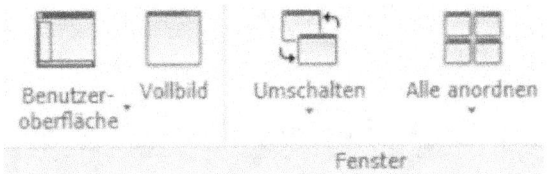

Im geöffneten Auswahlmenü sollten die Optionen **ViewCube**, **Navigationsleiste**, **Browser** und **Statusleiste** aktiviert sein. Die restlichen Optionen können bei Bedarf zusätzlich aktiviert werden.

2.2 Der ViewCube

Mit dem **ViewCube** kann der Blickwinkel auf ein Objekt verändert werden: Ein Klick mit der linken Maustaste auf eine Seite, Kante oder Ecke des Würfels dient dem Wechsel in die entsprechende Ansicht. Bei gedrückter linker Maustaste auf den Würfel ist (in Kombination mit der Mausbewegung) ein freies Drehen der Ansicht möglich.

2.3 Die Navigationsleiste

Die **Navigationsleiste** beinhaltet verschiedene Anzeige- und Navigationsbefehle. Die Position der Leiste und die Anzahl der darzustellenden Befehle können individuell festgelegt werden.

2.4 Die Funktionen der Maustasten

Wird in diesem Buch davon gesprochen, etwas anzuklicken oder zu auszuwählen, bezieht sich das stets auf die **linke Maustaste**, sofern es nicht anders beschrieben ist.

Ein Klick mit der **rechten Maustaste** öffnet ein Menü mit weiteren Optionen. Je nachdem, in welchem Arbeitsbereich des Programms Sie sich befinden (Skizzenbereich, Modellbereich, Baugruppenbereich, Präsentationsbereich, Zeichnungsbereich), und an welcher Position geklickt wird (auf ein Zeichenobjekt, eine Modellkante, auf ein Bauteil oder auf die Multifunktionsleiste) werden unterschiedliche Auswahlmöglichkeiten angeboten. Es wird empfohlen, die verschiedenen Möglichkeiten in jedem der einzelnen Bereiche gleich zu Beginn der Arbeit mit dem Programm kennenzulernen.

Die **mittlere Maustaste** (Scrollrad-Taste) hat mehrere Funktionen: Bei gedrückter mittlerer Maustaste kann der gesamte Arbeitsbereich verschoben werden. Die Kombination der Umschalt-Taste (SHIFT-Taste) mit der mittleren Maustaste ermöglicht ein freies Drehen der Ansicht. Das Scrollen mit dem Scrollrad der mittleren Maustaste zoomt die Ansicht im Arbeitsbereich.

3 Einzelbenutzer-Projekt erzeugen

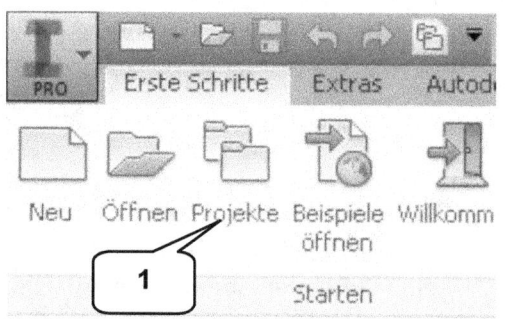 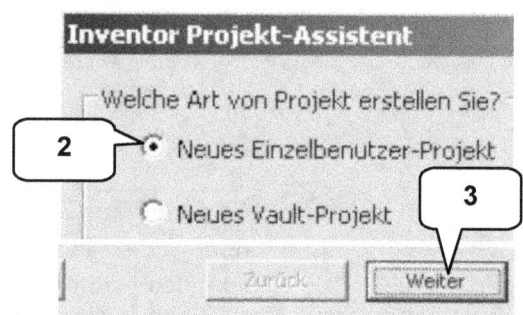

- **Projekte** (1)
- Option: Neues Einzelbenutzer-Projekt (2)
- **Weiter** (3)

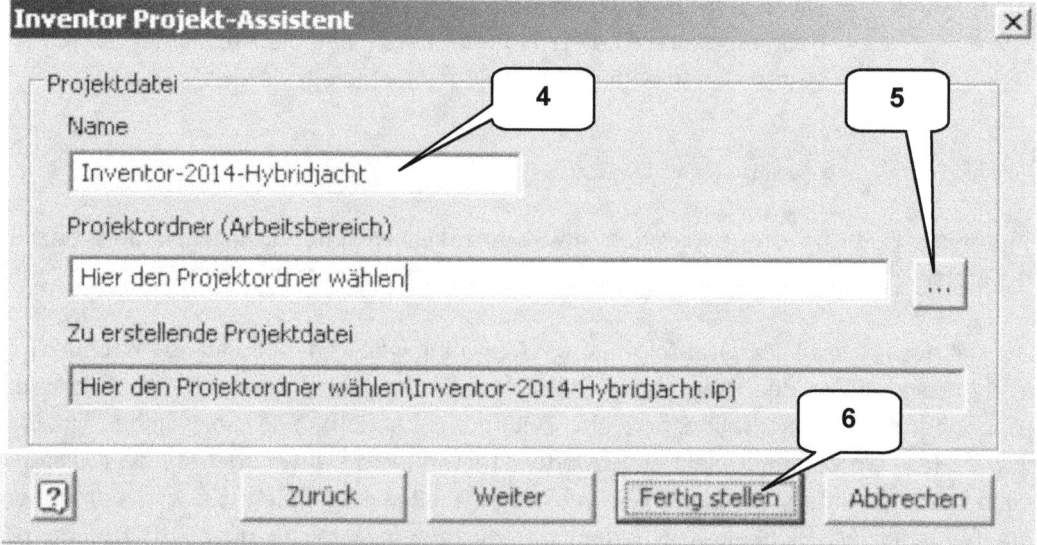

- Name: [Inventor-2014-Hybridjacht] (4)
- Projektordner „Inventor-2014-Hybridjacht" wählen (5)
- **Fertig stellen** (6)

 Als Projektordner ist der Ordner zu verwenden, der vorher auf Ihrem PC als Übungsordner erstellt worden ist.

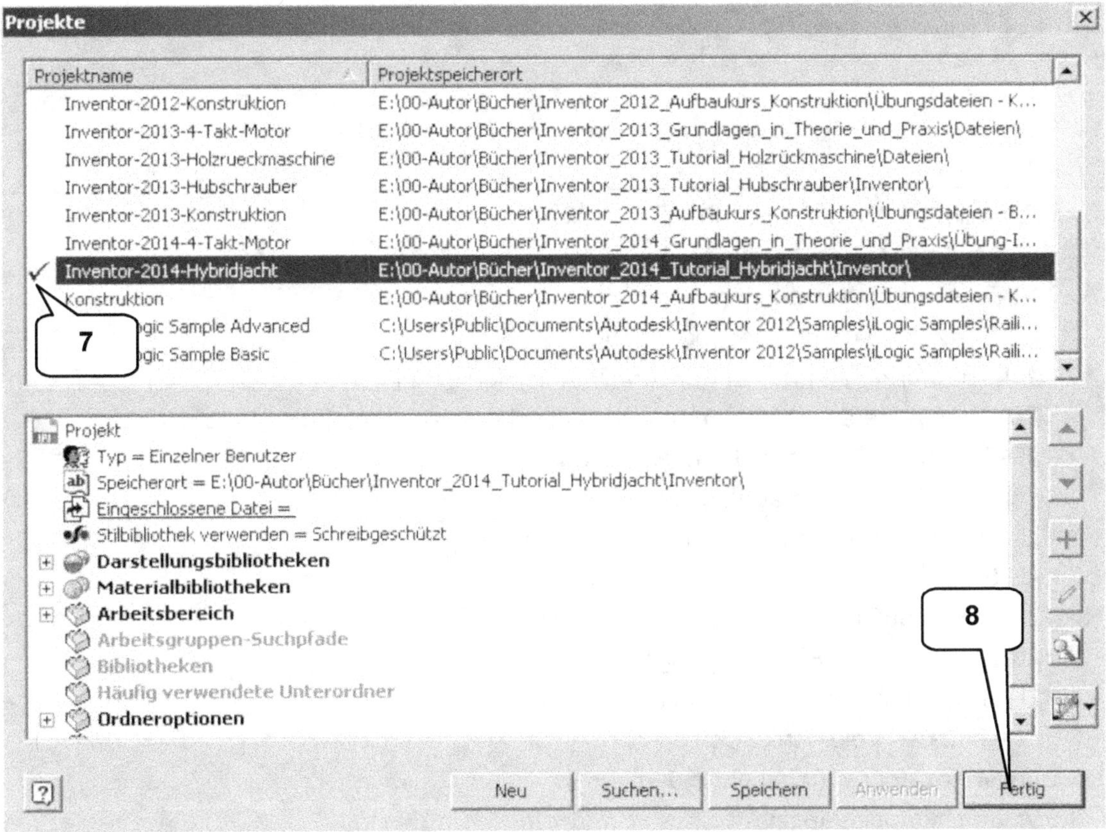

Einzelbenutzer-Projekt erzeugen

- ➤ Projekt „Inventor-2014-Hybridjacht" wurde erzeugt und aktiviert (7)
- ➤ **Fertig** (8)

- Die Erstellung eines Projektes vor jeder neuen Konstruktion ist dringend anzuraten, um ein sauberes und strukturiertes Arbeiten mit dem Programm zu ermöglichen! Jedes Projekt legt eine Projektdatei an, in welcher alle zum Projekt gehörenden Referenzen gespeichert werden. Das gesamte Projekt kann dann später ohne Datenverlust kopiert oder archiviert werden.

4 Basisrumpf

Agenda

- Bauteildatei „Rumpf_Speedboot" erstellen
- Ebenen mit Versatz erzeugen
- XY-Ebene sichtbar machen
- 2D-Skizze auf 4. Arbeitsebene erzeugen
- Achsen projizieren und als Konstruktionsobjekte definieren
- Zeichnen der ersten Linien mittels dynamischer Werteeingabe
- 2D-Skizze auf 3. Arbeitsebene erzeugen
- Skizze ausblenden, Hauptachsen projizieren
- Linienkonturen zeichnen, bemaßen und abhängig machen
- 2D-Skizze auf 2. Arbeitsebene erzeugen
- 2D-Skizze auf 1. Arbeitsebene erzeugen
- 2D-Skizze auf XY-Ebene erzeugen
- 2D-Skizzen einblenden, Ebenen ausblenden
- Erheben des Volumenkörpers
- Volumenkörper variabel abrunden
- Volumenkörper spiegeln

4.1 Bauteil „Rumpf_Speedboot" erstellen

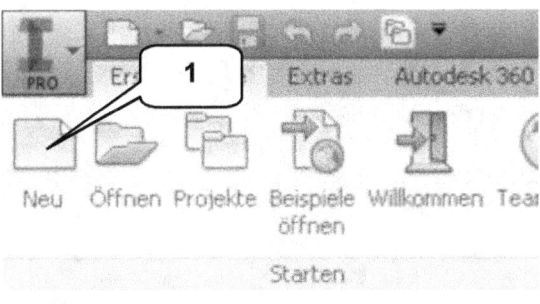

- **Neu** (1)
- Templates (2)
- Bauteil: Norm.ipt (3)
- **Erstellen** (4)

- **Speichern** (5)
- Dateiname: [Rumpf_Speedboot] (6)
- **Speichern** (7)

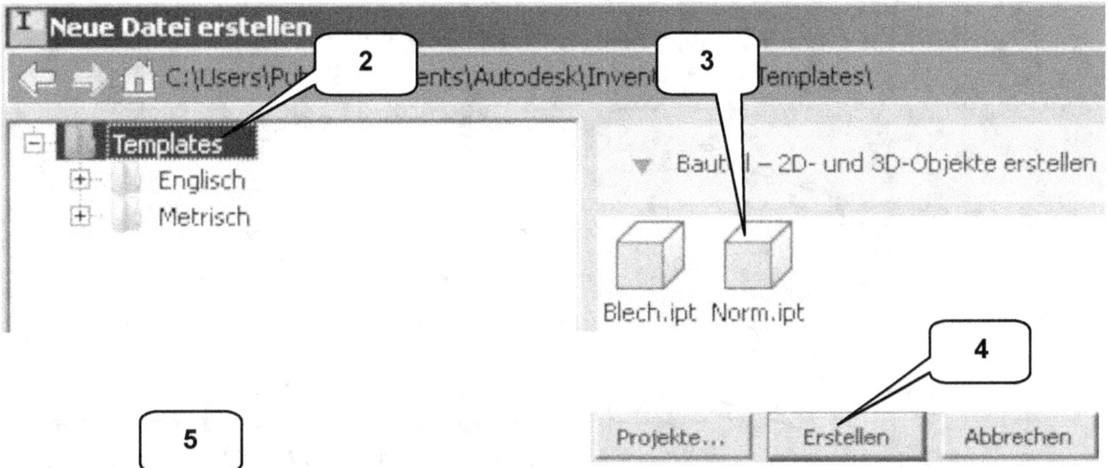

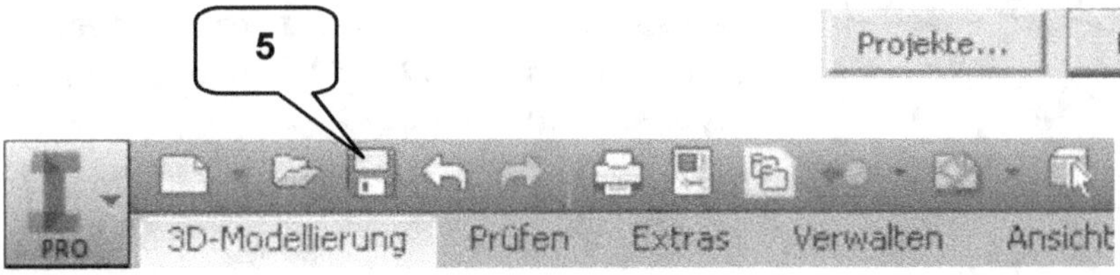

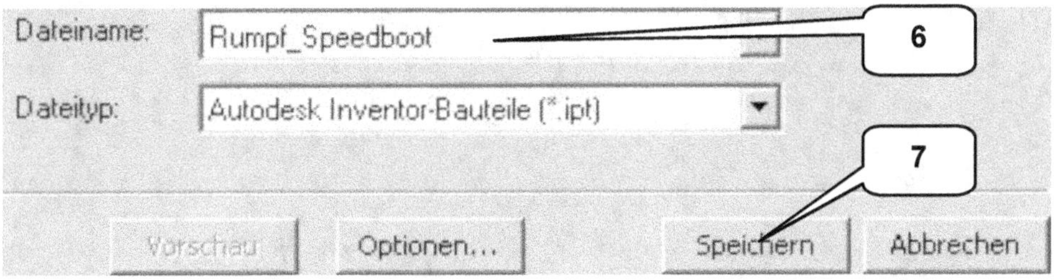

4.2 Ebenen mit Versatz erzeugen

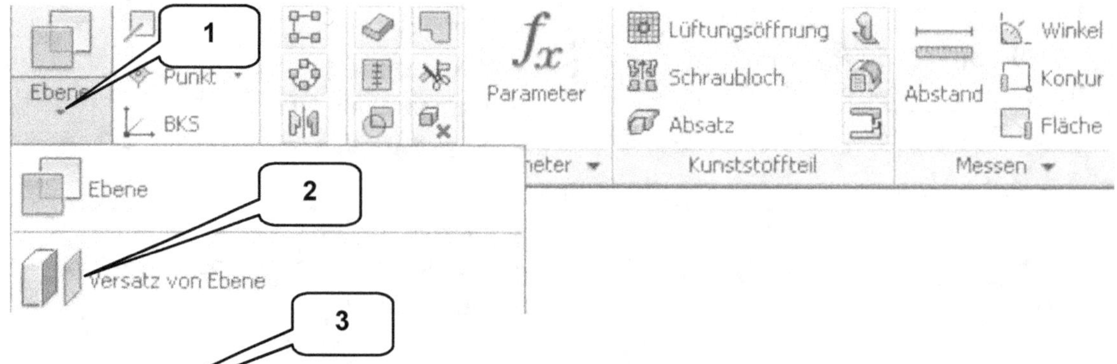

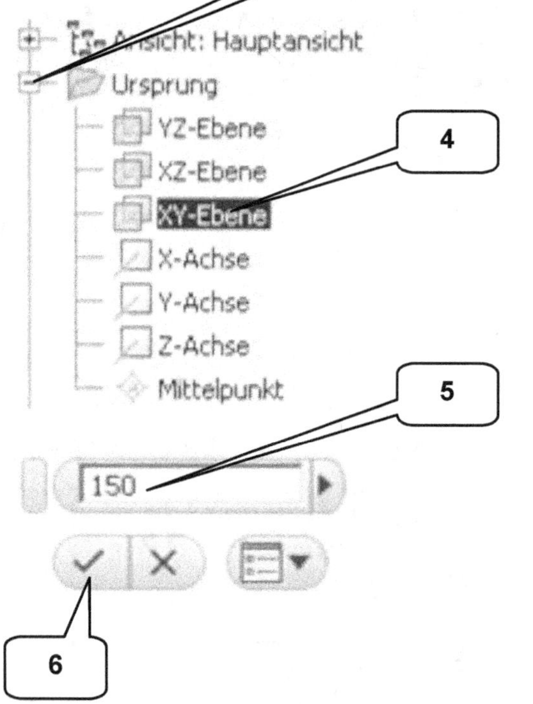

- Befehlsgruppe „Ebenen" erweitern (1)
- **Versatz von Ebene** (2)
- Ordner „Ursprung" im Modellbaum erweitern (3)
- XY-Ebene wählen (4)
- Versatzwert: [150] mm (5)
- **OK** (6)

Drei weitere Ebenen sind anschließend mit demselben Befehl (**Versatz von Ebene**) in den Abständen **300**, **450** und **600** mm zu erzeugen. Als Referenzebene ist ebenfalls die **XY-Ebene** des Ordners „Ursprung" zu verwenden.

 Einige der Befehlsgruppen sind standardmäßig ausgeblendet und müssen manuell eingeblendet werden. Hierfür mit der rechten Maustaste auf einen beliebigen Bereich der Befehlsleiste klicken und die betreffenden Befehlsgruppen mit der Option „Gruppen anzeigen" ein- oder ausblenden.

Basisrumpf

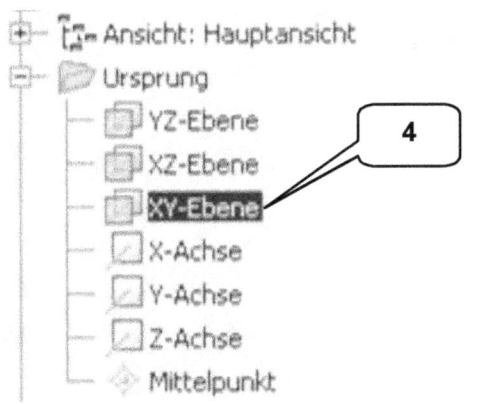

> **Versatz von Ebene** (2)
> XY-Ebene wählen (4)
> Versatzwert: [300] mm (7)
> **OK** (8)

> **Versatz von Ebene** (2)
> XY-Ebene wählen (4)
> Versatzwert: [450] mm (9)
> **OK** (10)

> **Versatz von Ebene** (2)
> XY-Ebene wählen (4)
> Versatzwert: [600] mm (11)
> **OK** (12)

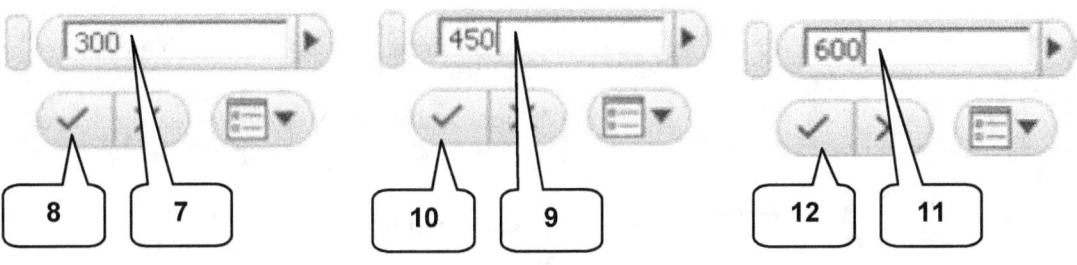

4.3 XY-Ebene sichtbar machen

Die vier neu erzeugten Ebenen sind jetzt sichtbar und können verwendet werden. Die **XY-Ebene** soll ebenfalls sichtbar gemacht werden. Hierfür muss im Modellbaum mit der rechten Maustaste auf die XY-Ebene geklickt und die Option „Sichtbarkeit" aktiviert werden.

4.4 2D-Skizze auf 4. Arbeitsebene erzeugen

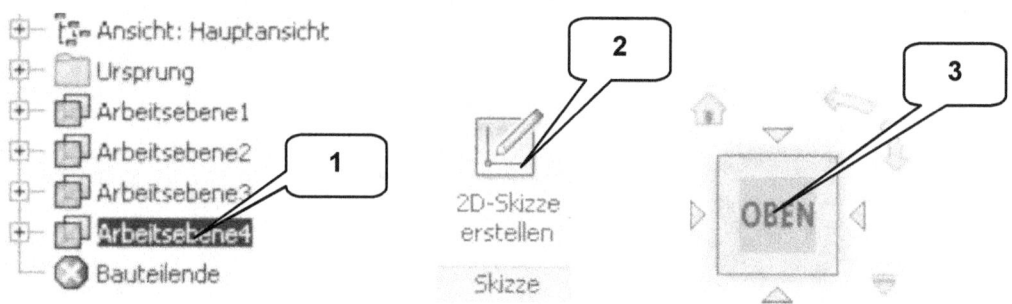

➢ „Arbeitsebene4" im Modellbaum anklicken (linke Maustaste) (1)

➢ *2D-Skizze erstellen* (2)
➢ *ViewCube-Ansicht: OBEN* (3)

4.5 Achsen projizieren und als Konstruktionsobjekte definieren

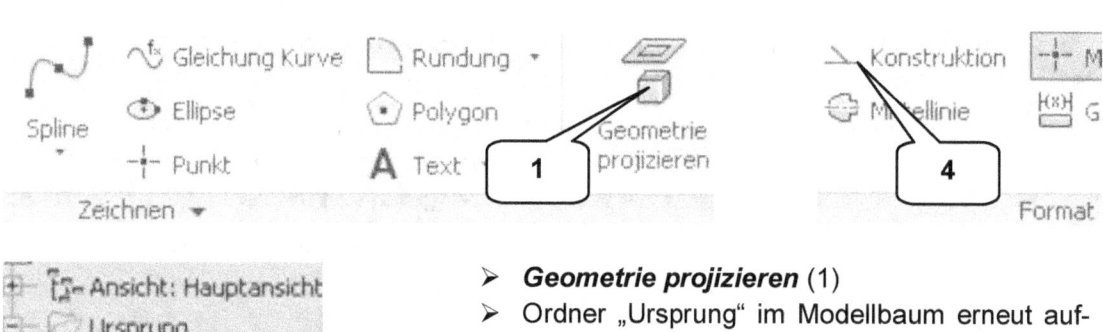

➢ *Geometrie projizieren* (1)
➢ Ordner „Ursprung" im Modellbaum erneut aufklappen (2)
➢ X-, Y-, Z-Achse nacheinander wählen (3)
➢ Taste: ESC
➢ Mit gedrückter linker Maustaste ein Fenster über alle projizierten Achsen aufziehen

➢ *Konstruktion* (4)
➢ Taste: ESC

 Das Projizieren der drei Hauptachsen sollte bei jeder neuen Skizze durchgeführt werden. Die Achsen können dann als Referenzen verwendet werden, z. B. um Objekte daran auszurichten.

4.6 Zeichnen der ersten Linien mittels dynamischer Werteeingabe

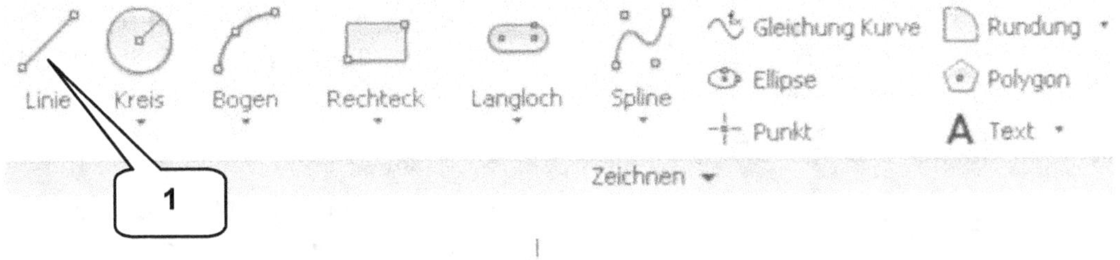

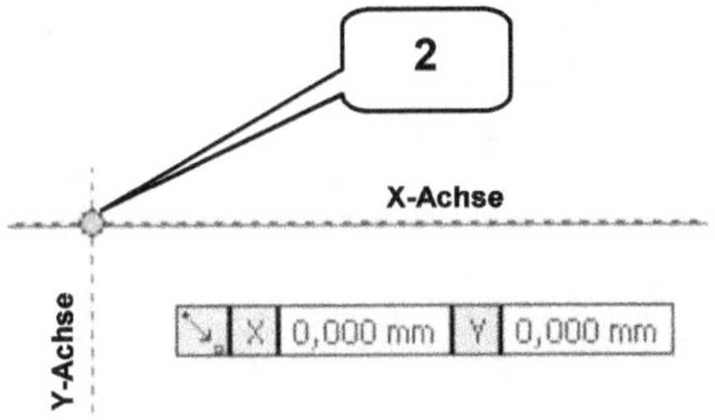

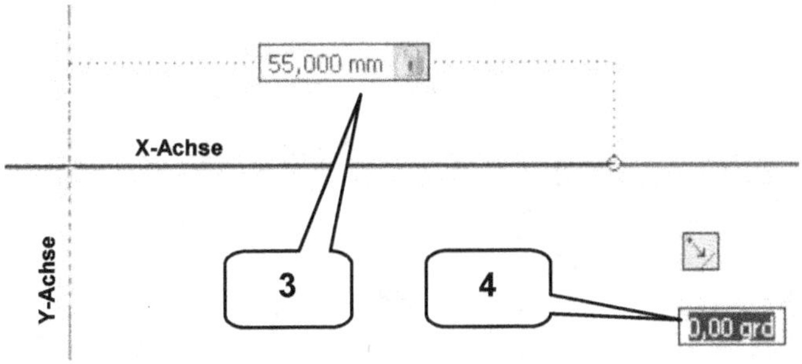

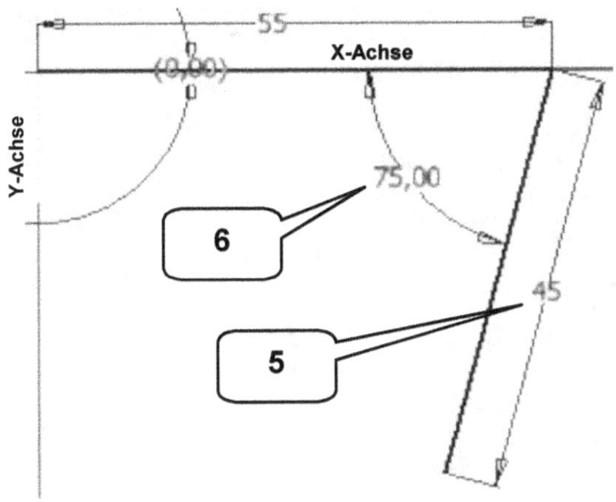

> **Linie** (1)

> 1. Punkt:
> Punkt mit der linken Maustaste im Koordinatenursprung (0, 0) ablegen (2)

> 2. Punkt:
> Länge: [55] mm (3)
> Taste: TAB
> Maus nach rechts ziehen
> Winkel: [0] Grad (4)
> Taste: ENTER

> 3. Punkt:
> Länge: [45] mm (5)
> Taste: TAB
> Maus unterhalb X-Achse ziehen
> Winkel: [75] Grad (6)
> Taste: ENTER

Mit der Taste „TAB" gelangt man in den Eingabebereich der Koordinaten/ Werte. Bei der Winkeleingabe muss auf die Position des Mauspfeils geachtet werden. Je nach Lage des Mauspfeils ändern sich Richtung und Winkel der Linie.

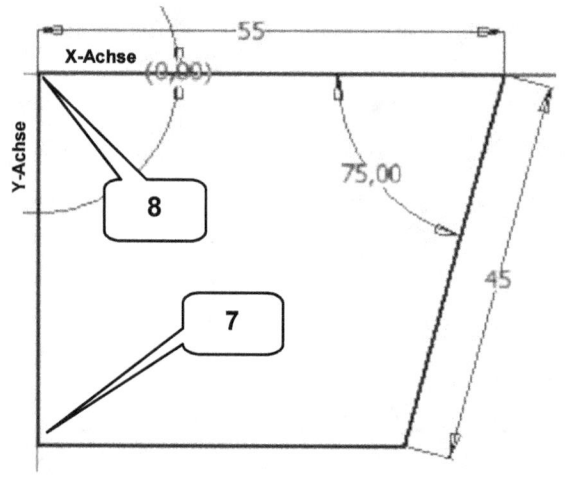

- 4. Punkt:
- Maus waagerecht nach links ziehen und mit der linken Maustaste (lotrecht) auf der Y-Achse ablegen (7)

- 5. Punkt:
- Erneut auf den 4. Punkt klicken (7)
- 5. Punkt im Koordinatenursprung ablegen (8)
- Taste: ESC

- **Skizze fertig stellen** (9)

4.7 2D-Skizze auf 3. Arbeitsebene erzeugen

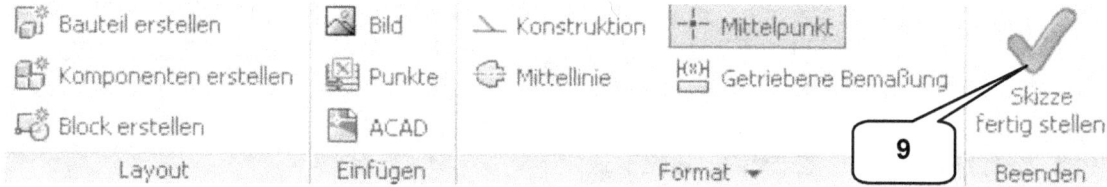

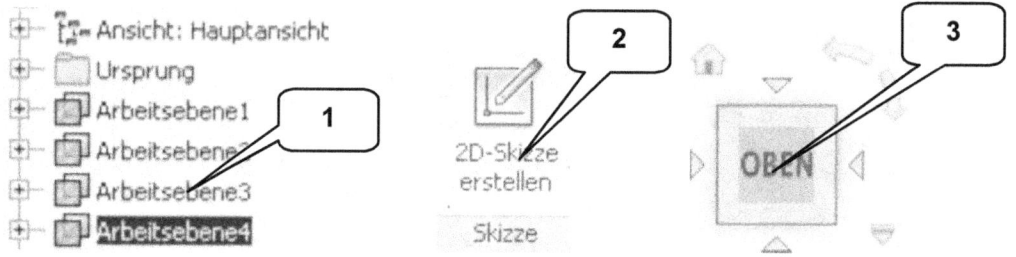

- „Arbeitsebene3" im Modellbaum markieren (1)

- **2D-Skizze erstellen** (2)
- **ViewCube-Ansicht: OBEN** (3)

4.8 1. Skizze ausblenden, Hauptachsen projizieren

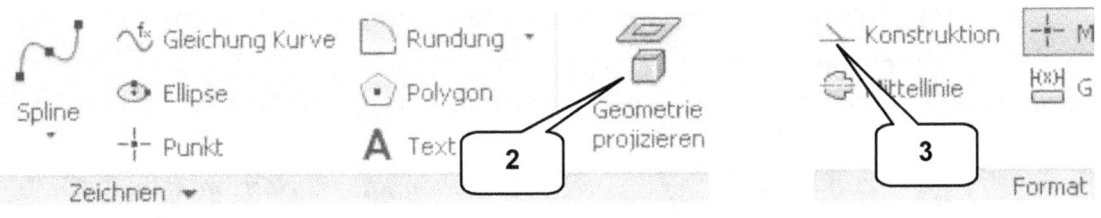

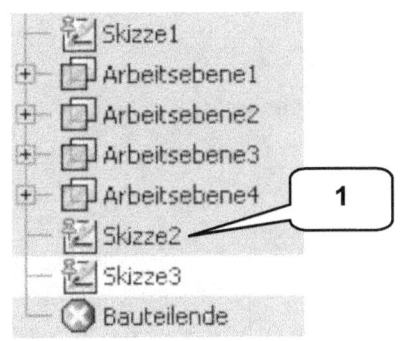

- „Skizze2" im Modellbaum markieren (1)
- Mit rechter Maustaste darauf klicken
- Option „Sichtbarkeit" deaktivieren

- **Geometrie projizieren** (2)
- X-, Y-, Z-Achse nacheinander wählen
- Taste: ESC
- Fenster über projizierte Achsen ziehen

- **Konstruktion** (3)
- Taste: ESC

4.9 Linienkonturen zeichnen, bemaßen und abhängig machen

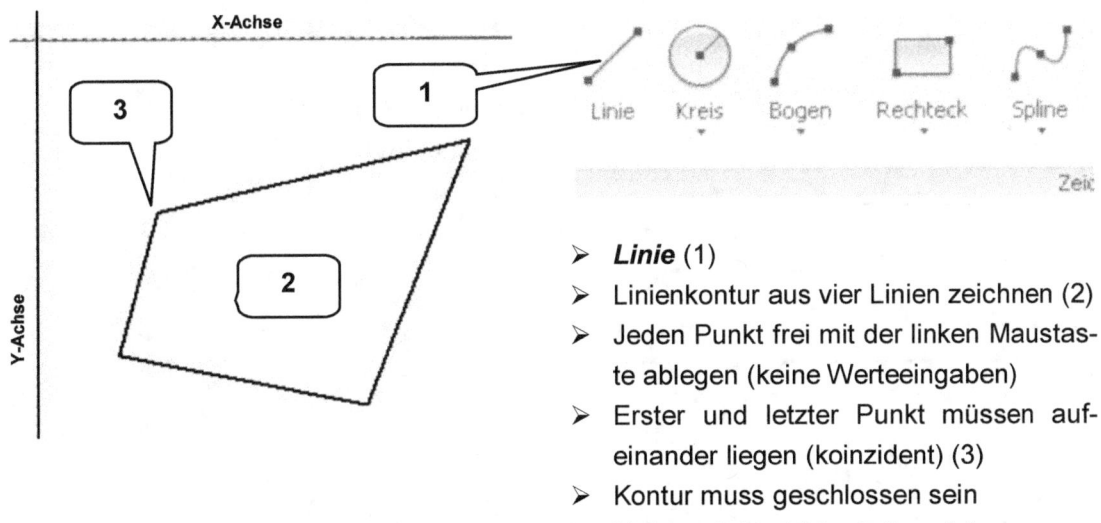

- **Linie** (1)
- Linienkontur aus vier Linien zeichnen (2)
- Jeden Punkt frei mit der linken Maustaste ablegen (keine Werteeingaben)
- Erster und letzter Punkt müssen aufeinander liegen (koinzident) (3)
- Kontur muss geschlossen sein
- Linien mit Absicht schräg zeichnen

Basisrumpf

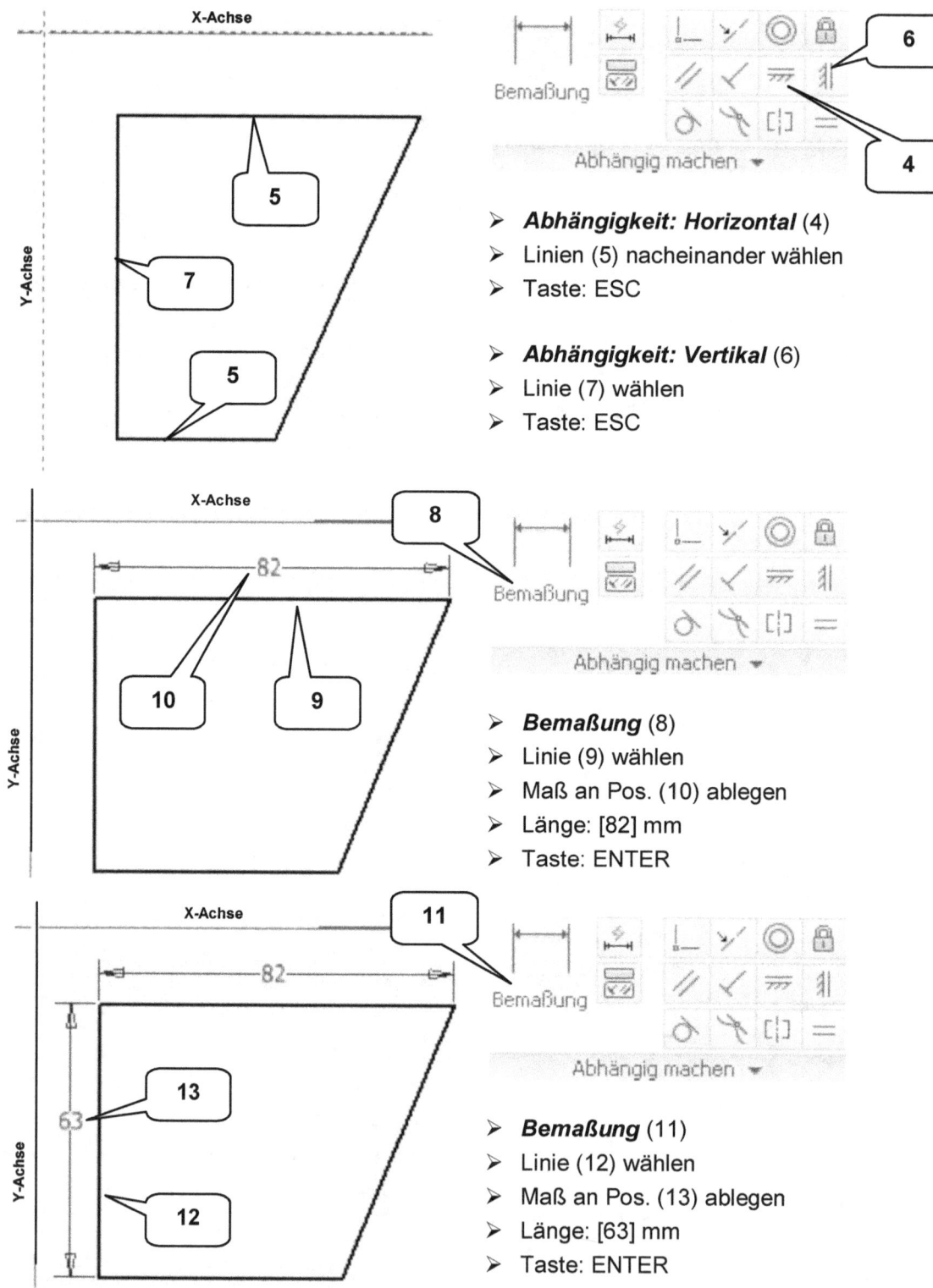

- ➤ **Abhängigkeit: Horizontal** (4)
- ➤ Linien (5) nacheinander wählen
- ➤ Taste: ESC

- ➤ **Abhängigkeit: Vertikal** (6)
- ➤ Linie (7) wählen
- ➤ Taste: ESC

- ➤ **Bemaßung** (8)
- ➤ Linie (9) wählen
- ➤ Maß an Pos. (10) ablegen
- ➤ Länge: [82] mm
- ➤ Taste: ENTER

- ➤ **Bemaßung** (11)
- ➤ Linie (12) wählen
- ➤ Maß an Pos. (13) ablegen
- ➤ Länge: [63] mm
- ➤ Taste: ENTER

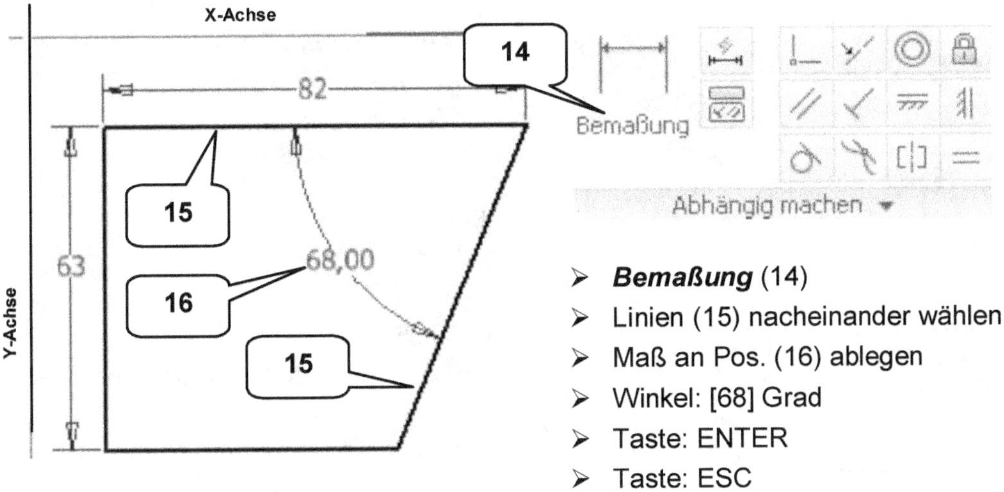

Basisrumpf

- **Bemaßung** (14)
- Linien (15) nacheinander wählen
- Maß an Pos. (16) ablegen
- Winkel: [68] Grad
- Taste: ENTER
- Taste: ESC

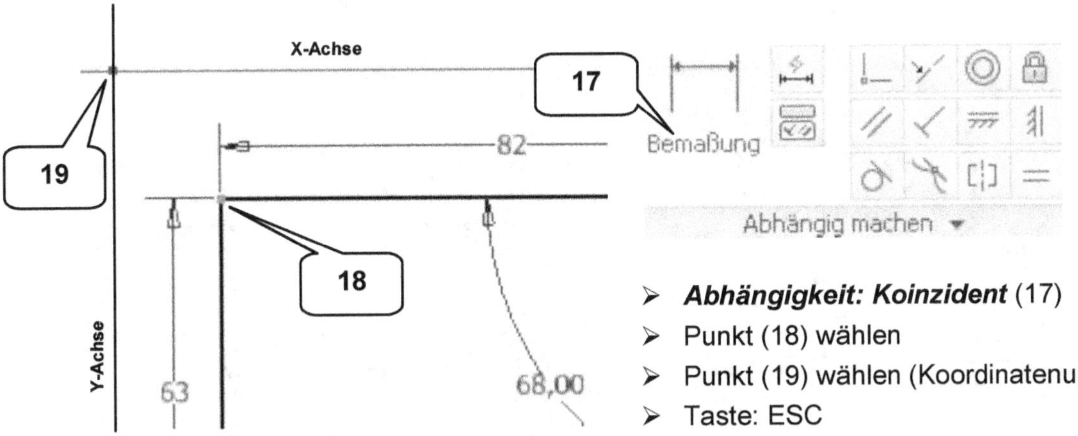

- **Abhängigkeit: Koinzident** (17)
- Punkt (18) wählen
- Punkt (19) wählen (Koordinatenurspr.)
- Taste: ESC

- **Skizze fertig stellen**

4.10 2D-Skizze auf 2. Arbeitsebene erzeugen

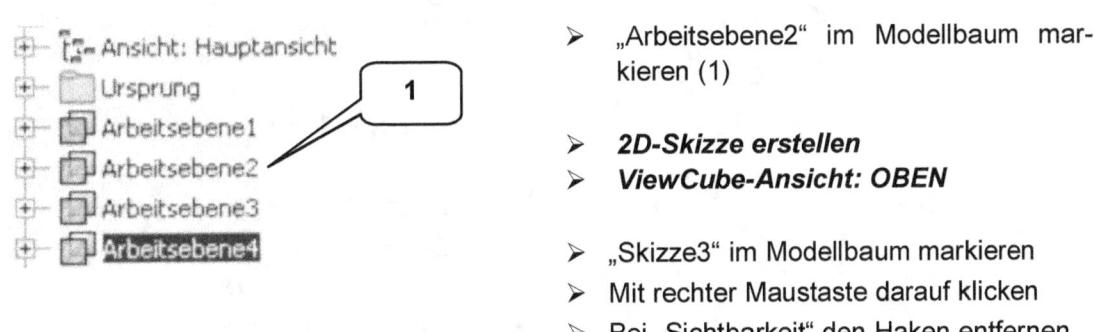

- „Arbeitsebene2" im Modellbaum markieren (1)

- **2D-Skizze erstellen**
- **ViewCube-Ansicht: OBEN**

- „Skizze3" im Modellbaum markieren
- Mit rechter Maustaste darauf klicken
- Bei „Sichtbarkeit" den Haken entfernen

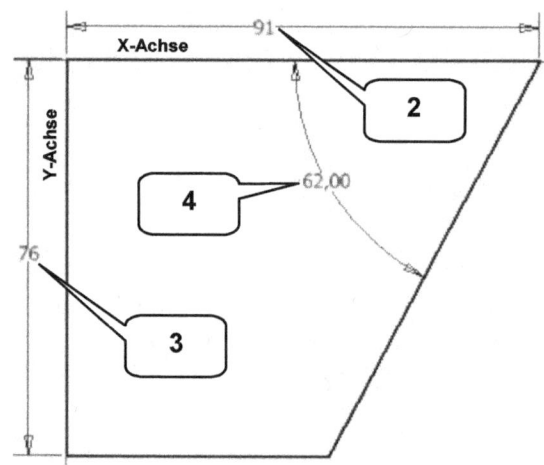

> *Geometrie projizieren*
> X-, Y-, Z-Achse nacheinander wählen
> Taste: ESC
> Fenster über projizierte Linien ziehen

> *Konstruktion*
> Taste: ESC

> *Linie, Bemaßung*
> Geschl. Kontur zeichnen und bemaßen
> 1. Länge: [91] mm (2)
> 2. Länge: [76] mm (3)
> 3. Winkel: [62] Grad (4)

> *Skizze fertig stellen*

4.11 2D-Skizze auf 1. Arbeitsebene erzeugen

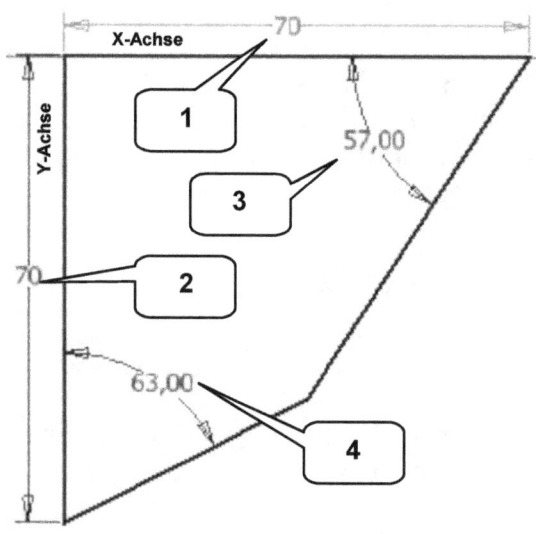

> „Arbeitsebene1" im Modellbaum markieren

> *2D-Skizze erstellen*
> *ViewCube-Ansicht: OBEN*

> Sichtbarkeit von „Skizze4" entfernen

> *Geometrie projizieren*
> X-, Y-, Z-Achse projizieren
> Taste: ESC
> Fenster über projizierte Linien ziehen und Linien als *Konstruktion* definieren

> *Linie, Bemaßung*
> Geschl. Kontur zeichnen und bemaßen
> 1. Länge: [70] mm (1)
> 2. Länge: [70] mm (2)
> 3. Winkel: [57] Grad (3)
> 4. Winkel: [63] Grad (4)

> *Skizze fertig stellen*

4.12 2D-Skizze auf XY-Ebene erzeugen

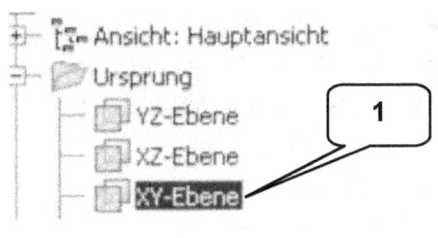

- „XY-Ebene" im Modellbaum markieren (1)

- **2D-Skizze erstellen**
- **ViewCube-Ansicht: OBEN**

- Sichtbarkeit von „Skizze5" entfernen

- **Geometrie projizieren**
- X-, Y-, Z-Achse projizieren
- Taste: ESC
- Fenster über projizierte Linien ziehen und Linien als **Konstruktion** definieren

- **Linie, Bemaßen**
- 2 Linien zeichnen und bemaßen
- 1. Linie [3] mm (2)
- 2. Linie: [3] mm (3)

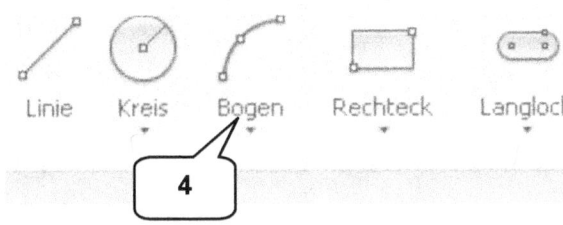

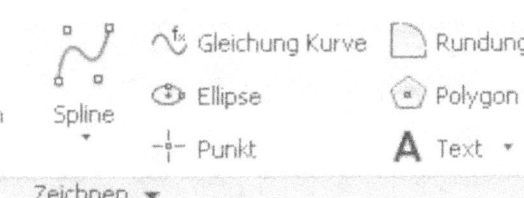

- **Bogen durch drei Punkte** (4)
- 1. Punkt wählen (5)
- 2. Punkt wählen (6)
- Maus leicht nach rechts unten ziehen
- Wert für Radius: [3] mm (7)
- Taste: ENTER
- Taste: ESC

- **Skizze fertig stellen**

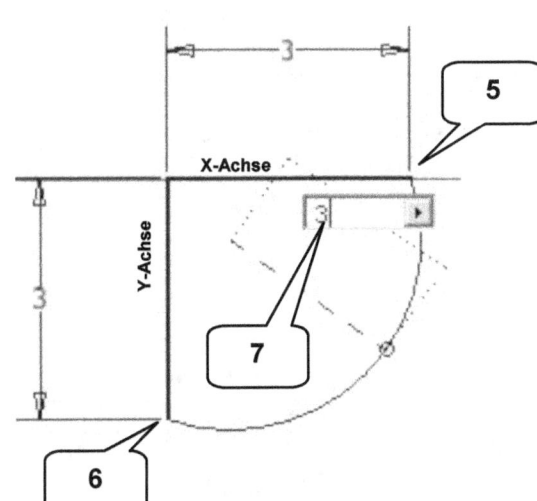

Basisrumpf

4.13 2D-Skizzen einblenden, Ebenen ausblenden

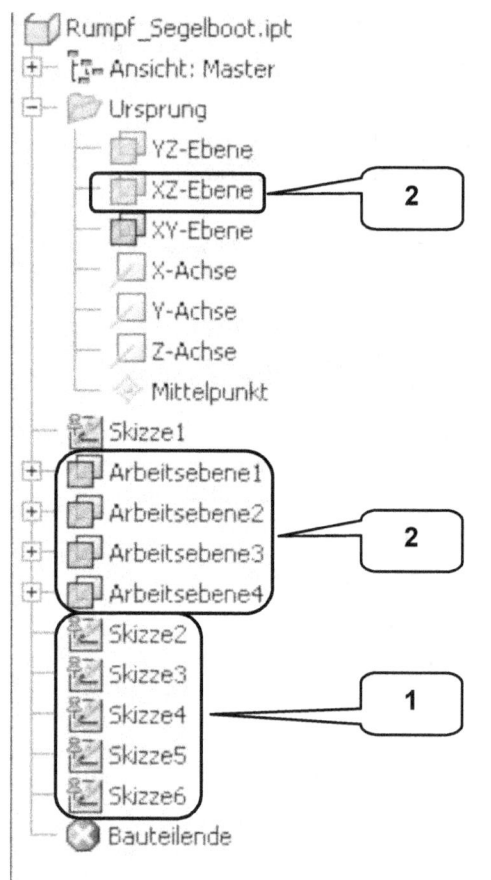

- Skizzen einblenden:
- Skizze 2 bis 5 im Modellbaum bei gedrückter Taste „STRG" und linker Maustaste nacheinander markieren (1)
- Mit rechter Maustaste auf eine der markierten Skizzen klicken
- Haken bei „Sichtbarkeit" setzen (alle 5 Skizzen sollten jetzt sichtbar sein)

- Ebenen ausblenden:
- XY-Ebene und Arbeitsebenen 1 bis 4 im Modellbaum bei gedrückter Taste „STRG" und linker Maustaste nacheinander markieren (2)
- Mit rechter Maustaste auf eine der markierten Ebenen klicken
- Haken bei „Sichtbarkeit" entfernen (alle Ebenen sollten ausgeblendet sein)

4.14 Volumenkörper als Erhebung erzeugen

Mit dem Befehl „Erhebung" können (geschlossene) Konturen aus mehreren 2D-Skizzen miteinander verbunden werden. Als Resultat entsteht ein einheitlicher Volumen-/ Flächenkörper.

Basisrumpf

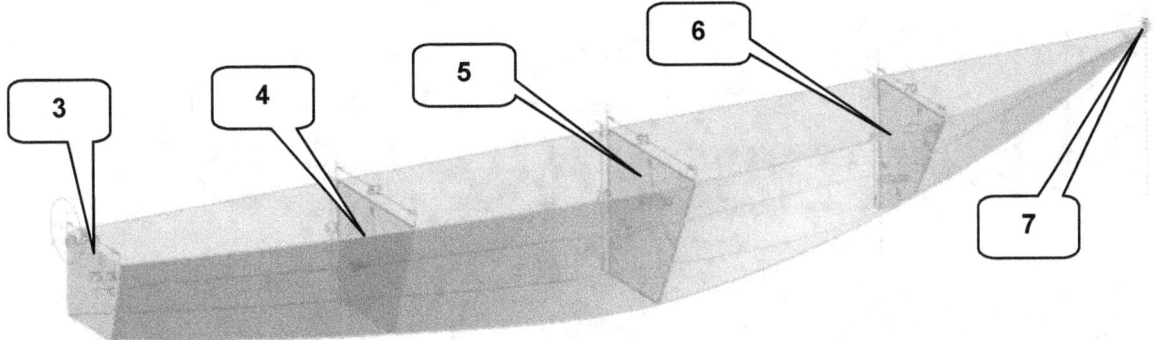

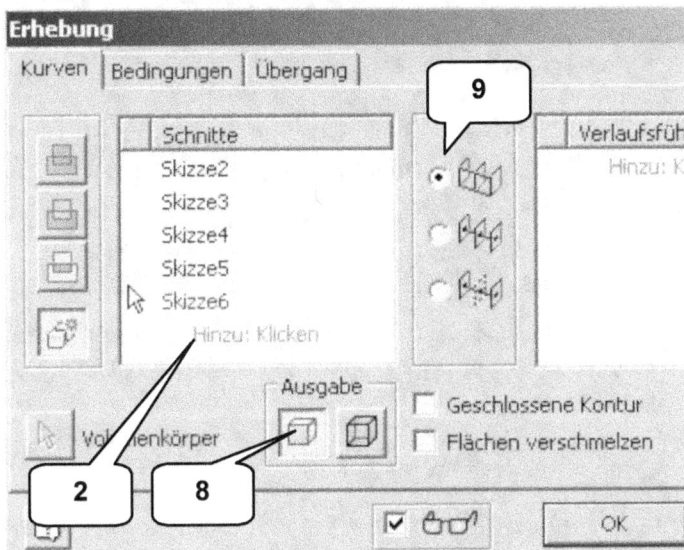

- **Erhebung** (1)
- Hinzu: Klicken (2)
- Nacheinander die Skizzen „Skizze2", „Skizze3", „Skizze4", „Skizze5", „Skizze6" in selbiger Reihenfolge im Modellbaum wählen
- Option: Volumenkörper (8)
- Option: Verlaufsführung (9)
- **OK**

4.15 Volumenkörper abrunden (variable Rundung)

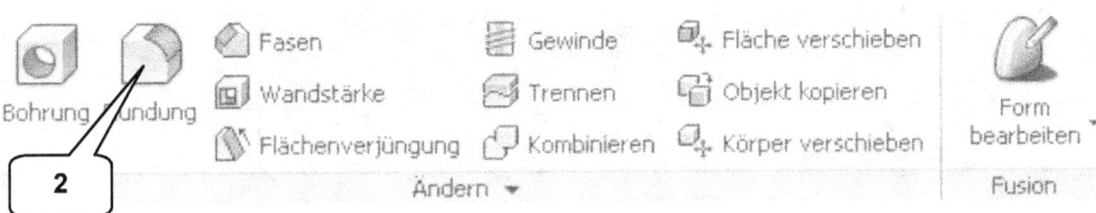

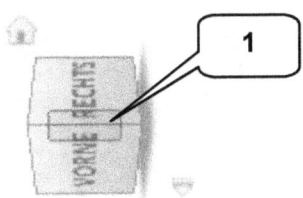

- **ViewCube-Ansicht:** Kante zwischen **VORNE** und **RECHTS** (1)

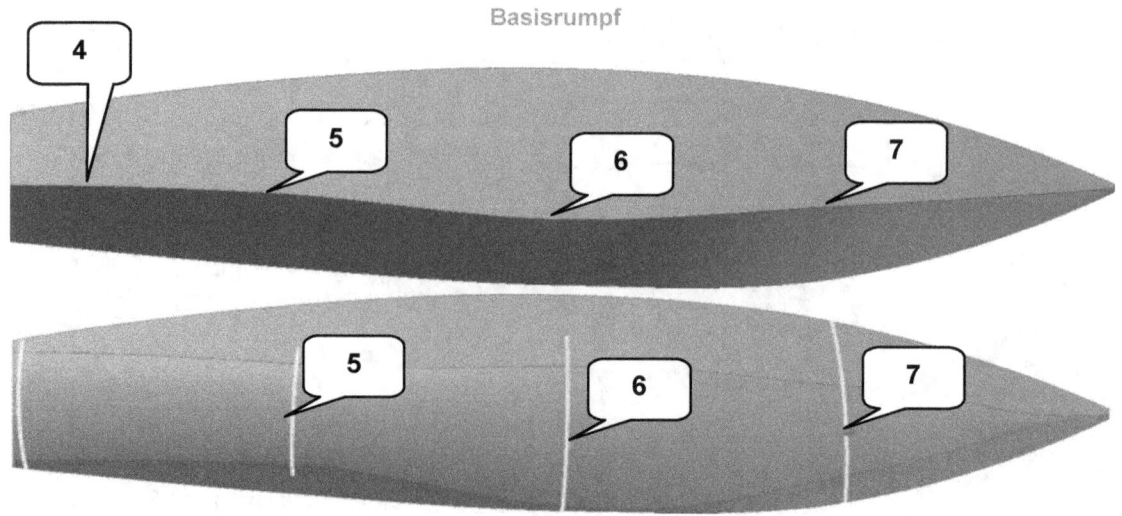

- **Rundung** (2)
- Reiter: Variabel (3)
- Kante am Volumenkörper wählen (4)
- 1. Punkt auf Kante setzen (5)
- 2. Punkt auf Kante setzen (6)
- 3. Punkt auf Kante setzen (7)
- Startpunkt-Radius: [50] mm (8)
- Endpunkt-Radius: [3] mm (9)
- 1. Punkt-Radius: [50] mm (10)
- 1. Punkt-Position: [0,25] mm (10)
- 2. Punkt-Radius: [75] mm (11)
- 2. Punkt-Position: [0,5] mm (11)
- 3. Punkt-Radius: [100] mm (12)
- 3. Punkt-Position: [0,75] mm (12)
- Aktivieren: Radiusübergang glätten (13)
- **OK**

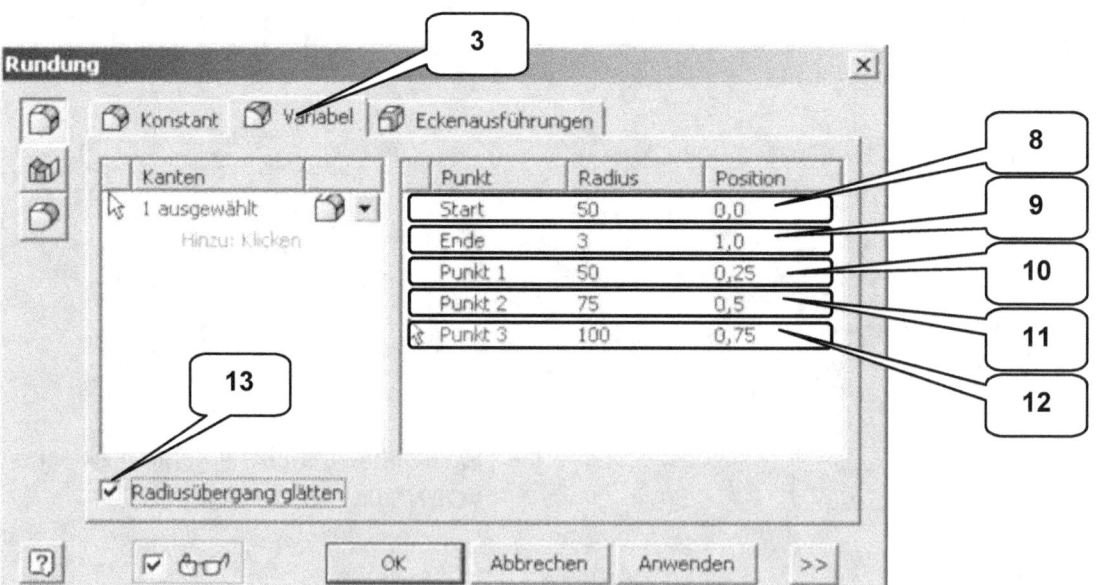

4.16 Volumenkörper spiegeln

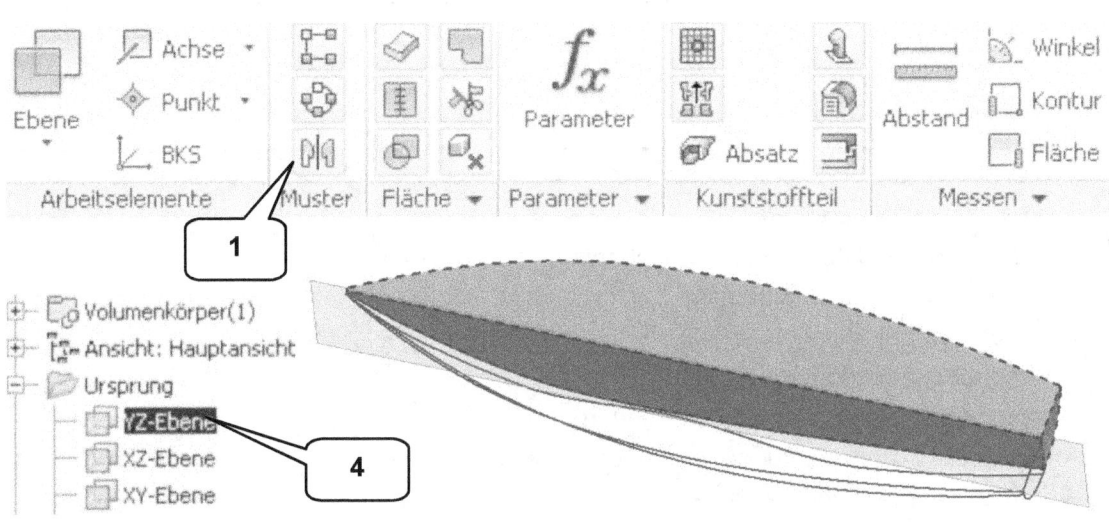

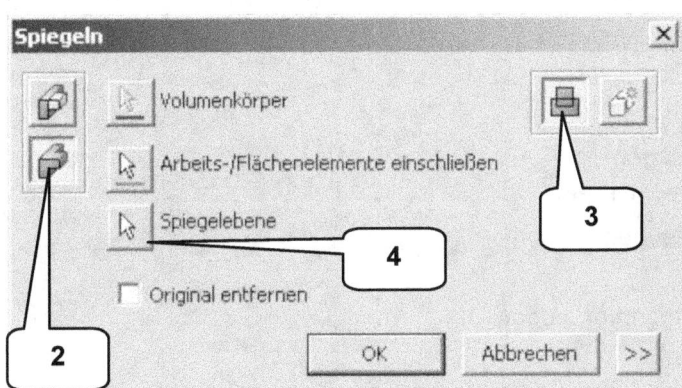

- **Spiegeln** (1)
- Option: Volumenkörper (2)
- Option: Vereinigung (3)
- Spiegelebene: YZ-Ebene (4)
- **OK**

 Ein freies Drehen der Ansicht kann auch durch ein Bewegen der Maus bei gedrückter Taste „SHIFT", in Kombination mit der mittleren Maustaste (Scrollrad) erfolgen.

5 Aufbauten (Speedboot)

Agenda

- 2D-Skizze für Basiskörper zeichnen
- Basiskörper extrudieren
- 2D-Skizze für Differenzkörper zeichnen
- Differenzkörper extrudieren
- Aufbauten abrunden
- Trennebene erzeugen
- Volumenkörper in zwei Hälften trennen
- Kopie der Datei als „Rumpf_Segelboot" speichern
- Aufbauten mit Wandstärke versehen
- Ebene für neue 2D-Skizze erzeugen
- 2D-Skizze für Lüftungsöffnungen zeichnen
- Lüftungsöffnung einfügen
- Bugspitze mit Kugel versehen
- Ebene für neue 2D-Skizze erzeugen
- 2D-Skizze für Dachverstrebung zeichnen
- Dachverstrebung als Rippe erzeugen
- Spiegeln der Dachverstrebung
- 2D-Skizze für Fensteraussparungen erzeugen
- Fensteraussparungen extrudieren
- Farben zuweisen
- Sichtbarkeit der Ebenen entfernen, Datei speichern

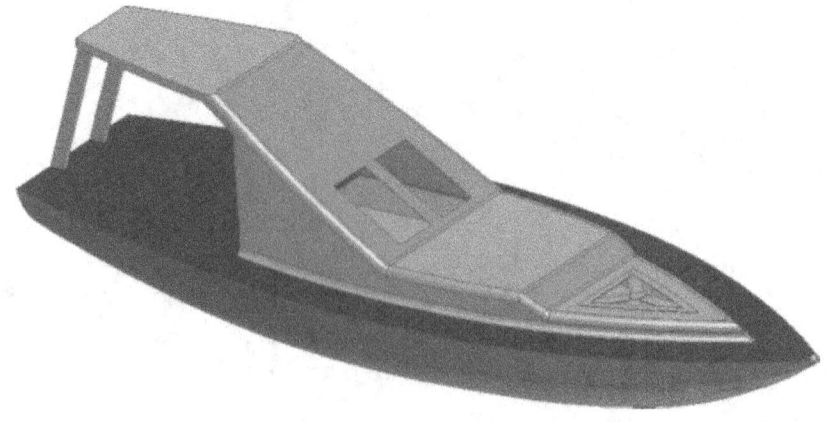

Aufbauten (Speedboot)

5.1 2D-Skizze für Basiskörper zeichnen

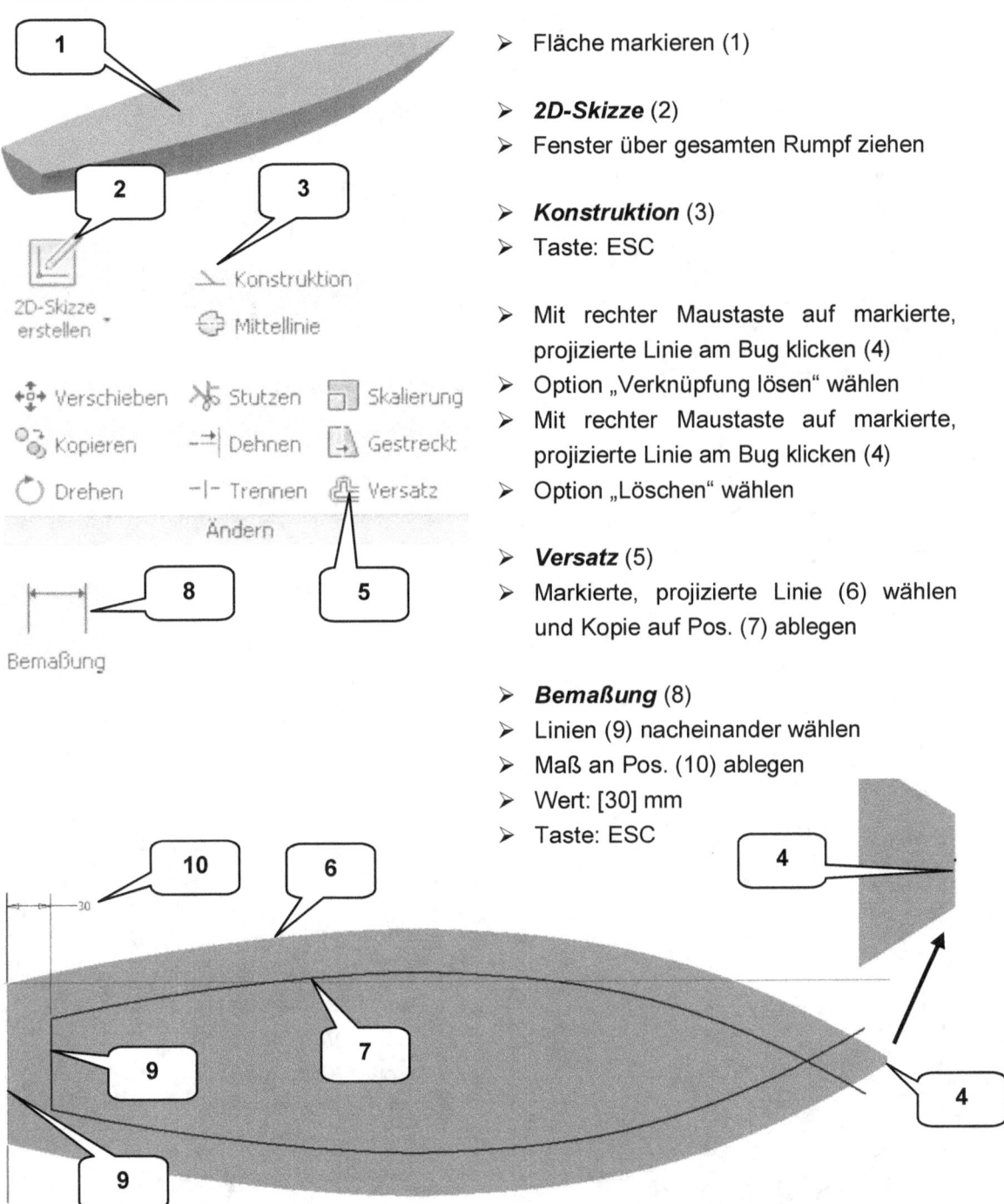

- Fläche markieren (1)

- **2D-Skizze** (2)
- Fenster über gesamten Rumpf ziehen

- **Konstruktion** (3)
- Taste: ESC

- Mit rechter Maustaste auf markierte, projizierte Linie am Bug klicken (4)
- Option „Verknüpfung lösen" wählen
- Mit rechter Maustaste auf markierte, projizierte Linie am Bug klicken (4)
- Option „Löschen" wählen

- **Versatz** (5)
- Markierte, projizierte Linie (6) wählen und Kopie auf Pos. (7) ablegen

- **Bemaßung** (8)
- Linien (9) nacheinander wählen
- Maß an Pos. (10) ablegen
- Wert: [30] mm
- Taste: ESC

Aufbauten (Speedboot)

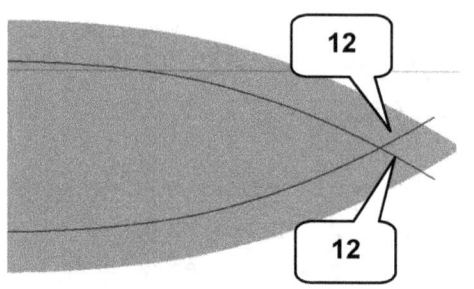
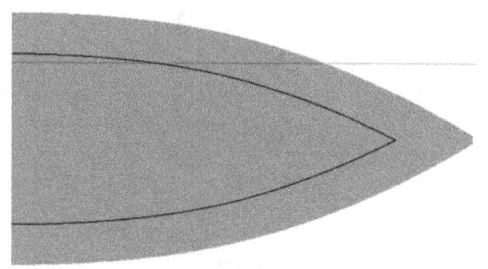

- **Stutzen** (11)
- Überstehende Linienenden wählen (12)
- Taste: ESC
- **Skizze fertig stellen**

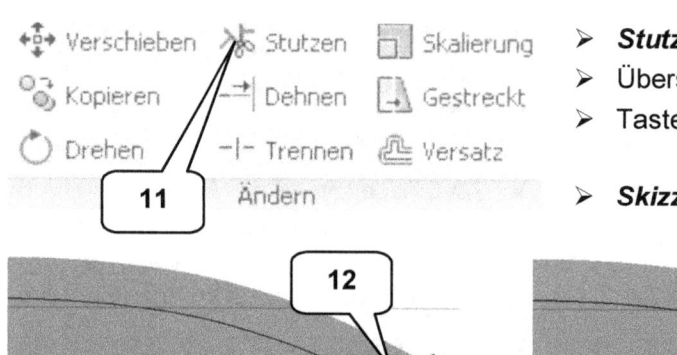

5.2 Basiskörper extrudieren

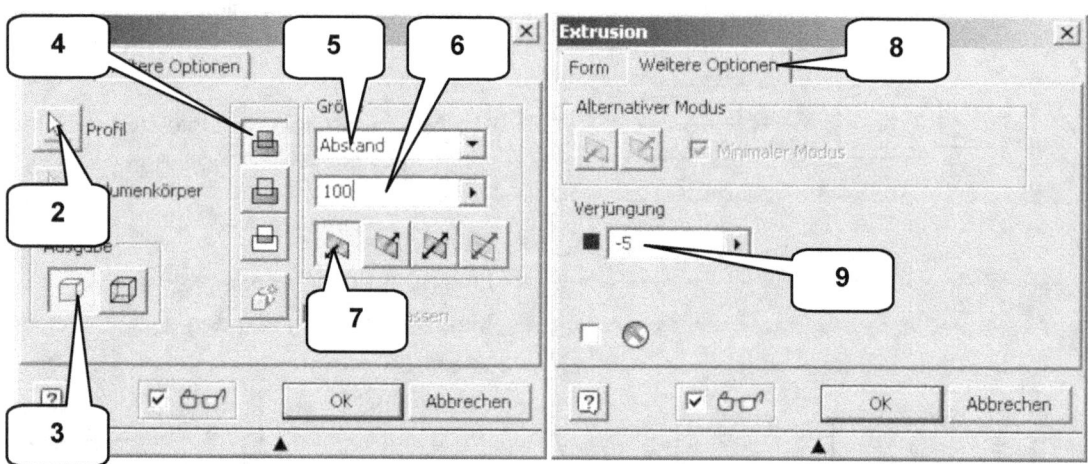

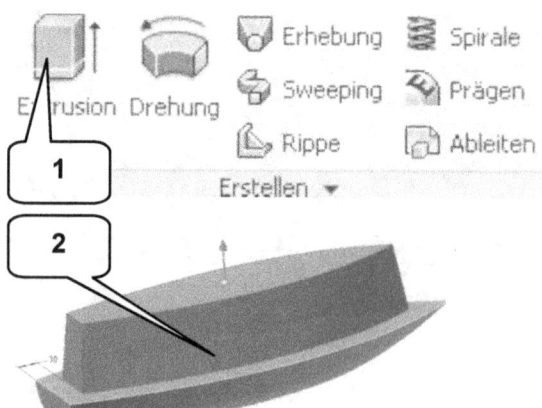

- **Extrusion** (1)
- Profil wird automatisch erkannt (2)
- Ausgabe: Volumenkörper (3)
- Option: Vereinigung (4)
- Größe: Abstand (5)
- Wert: [100] mm (6)
- Richtung: 1 (7)
- Reiter: Weitere Optionen: (8)
- Verjüngung: [-5] Grad (9)
- **OK**

5.3 2D-Skizze für Differenzkörper zeichnen

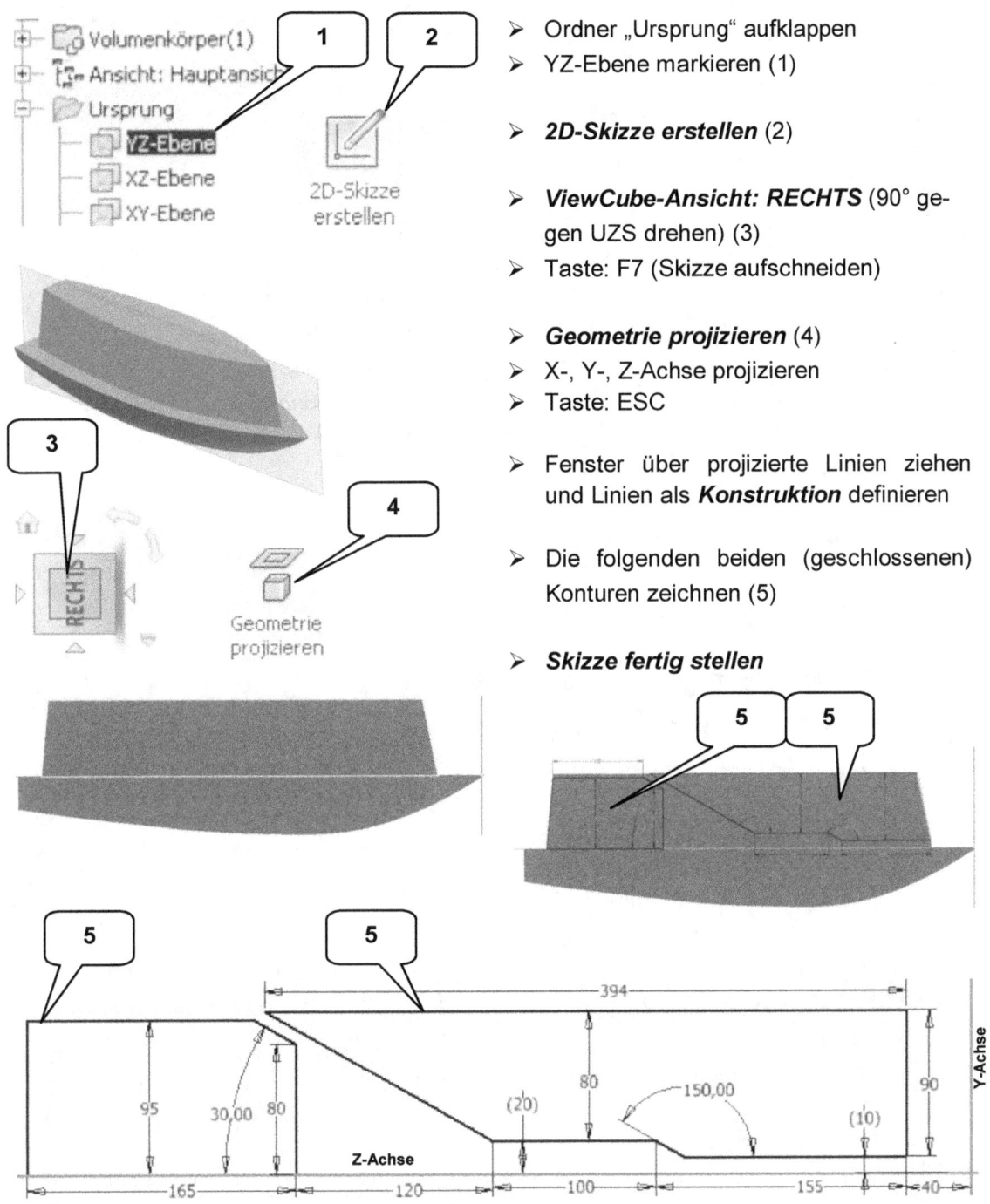

- Ordner „Ursprung" aufklappen
- YZ-Ebene markieren (1)

- **2D-Skizze erstellen** (2)

- **ViewCube-Ansicht: RECHTS** (90° gegen UZS drehen) (3)
- Taste: F7 (Skizze aufschneiden)

- **Geometrie projizieren** (4)
- X-, Y-, Z-Achse projizieren
- Taste: ESC

- Fenster über projizierte Linien ziehen und Linien als **Konstruktion** definieren

- Die folgenden beiden (geschlossenen) Konturen zeichnen (5)

- **Skizze fertig stellen**

Aufbauten (Speedboot)

5.4 Differenzkörper extrudieren

 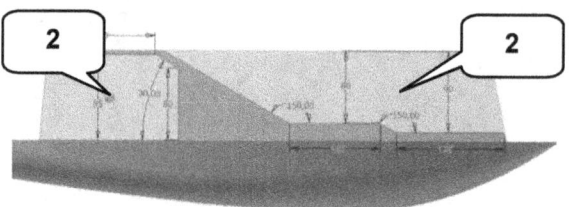

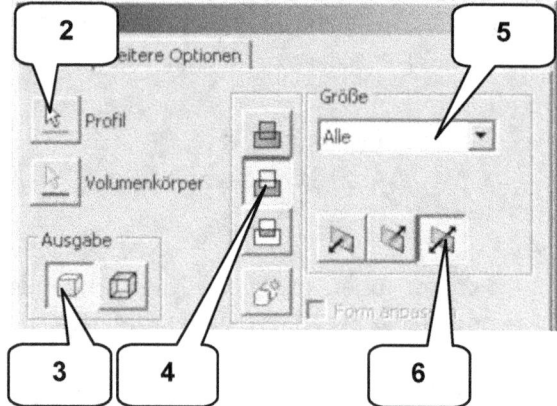

- ➢ **Extrusion** (1)
- ➢ Beide Profile wählen (2)
- ➢ Ausgabe: Volumenkörper (3)
- ➢ Option: Differenz (4)
- ➢ Größe: Alle (5)
- ➢ Richtung: Symmetrisch (6)
- ➢ **OK**

5.5 Aufbauten abrunden (konstante Rundung)

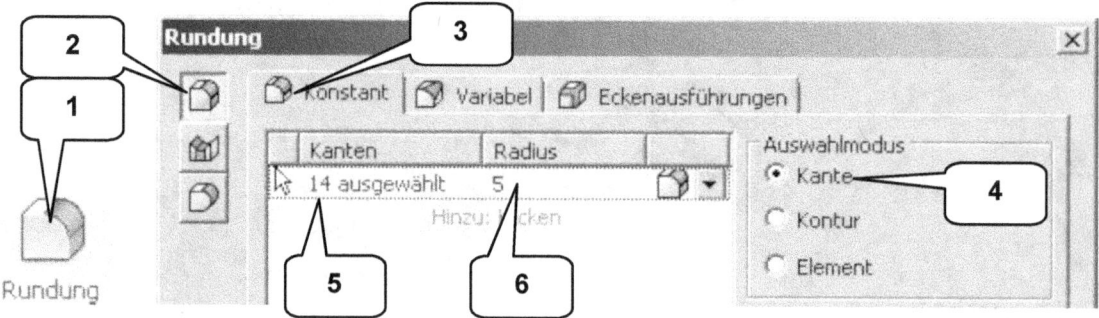

- ➢ **Rundung** (1)
- ➢ Option: Kantenabrundung (2)
- ➢ Option: Konstant (3)
- ➢ Auswahlmodus: Kante (4)

- ➢ Kanten (5) wählen (insgesamt 14, siehe Abb. auf der folgenden Seite)
- ➢ Radius: [5] mm (6)
- ➢ **OK**

 Falsch markierte Kanten können wieder deaktiviert werden, wenn diese bei gedrückter Taste „STRG" in Kombination mit der linken Maustaste angeklickt werden.

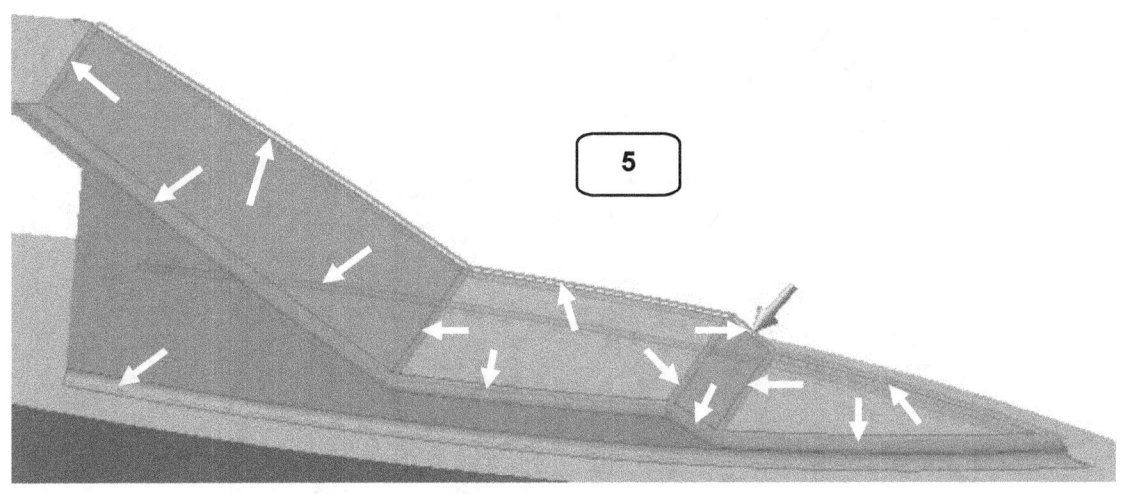

5.6 Trennebene erzeugen

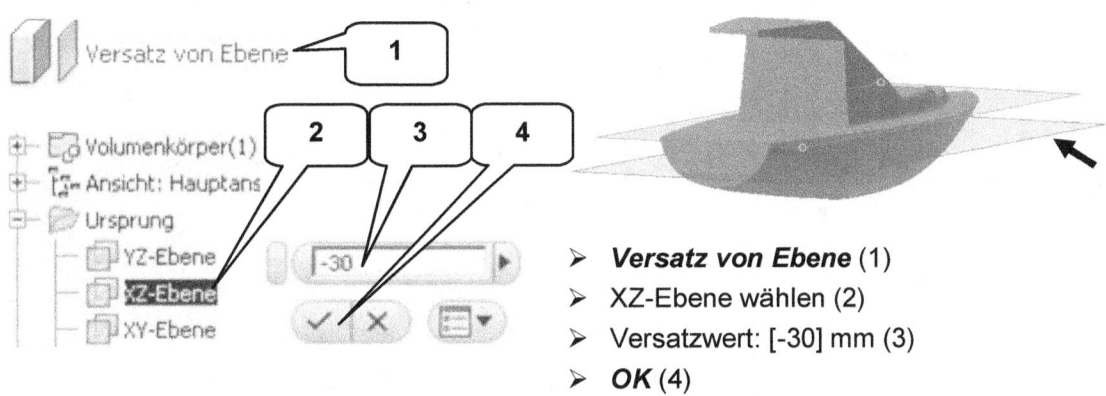

- **Versatz von Ebene** (1)
- XZ-Ebene wählen (2)
- Versatzwert: [-30] mm (3)
- **OK** (4)

5.7 Volumenkörper in zwei Hälften trennen

- **Trennen** (1)
- Option: Volumenkörper teilen (2)
- Trennwerkzeug: Arbeitsebene (3)
- **OK**
- Arbeitsebene im Modellbaum markieren (3)
- Rechte Maustaste > Option „Sichtbarkeit" deaktivieren

Aufbauten (Speedboot)

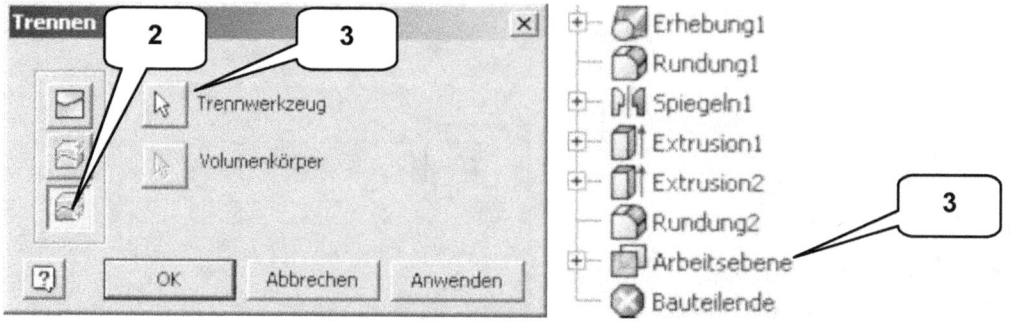

5.8 Kopie der Datei als „Rumpf_Segelboot" speichern

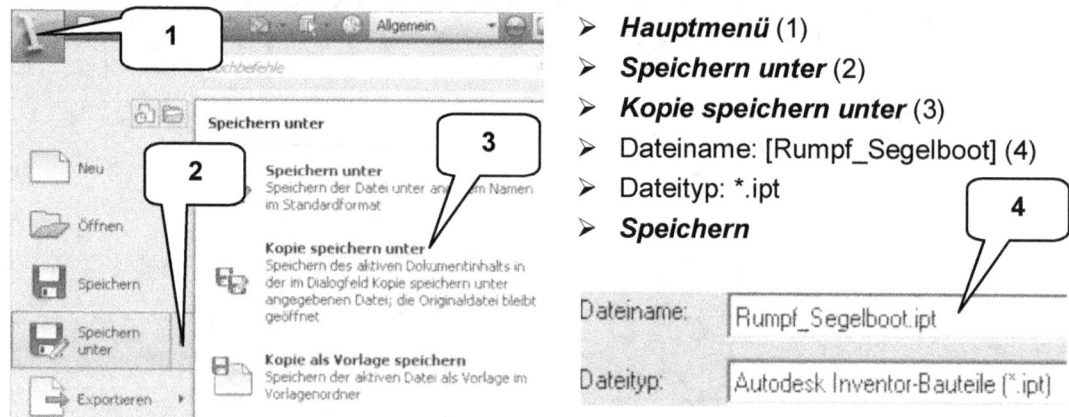

- **Hauptmenü** (1)
- **Speichern unter** (2)
- **Kopie speichern unter** (3)
- Dateiname: [Rumpf_Segelboot] (4)
- Dateityp: *.ipt
- **Speichern**

5.9 Aufbauten mit einer Wandstärke versehen

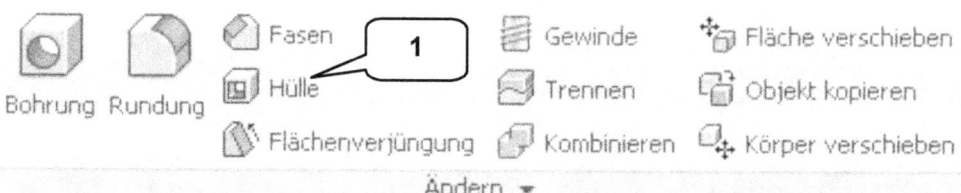

- **Hülle** (1)
- Option: Innerhalb (2)
- Flächen entfernen: Fläche (3) wählen

- Aktivieren: Angrenzende Flächen (4)
- Stärke: [0,5] mm (5)
- **OK**

Nach dem „Trennen" des Volumenkörpers werden im Modellbaum (Ordner „Volumenkörper") zwei Volumenkörper angezeigt, welche einzeln bearbeitet werden können.

Aufbauten (Speedboot)

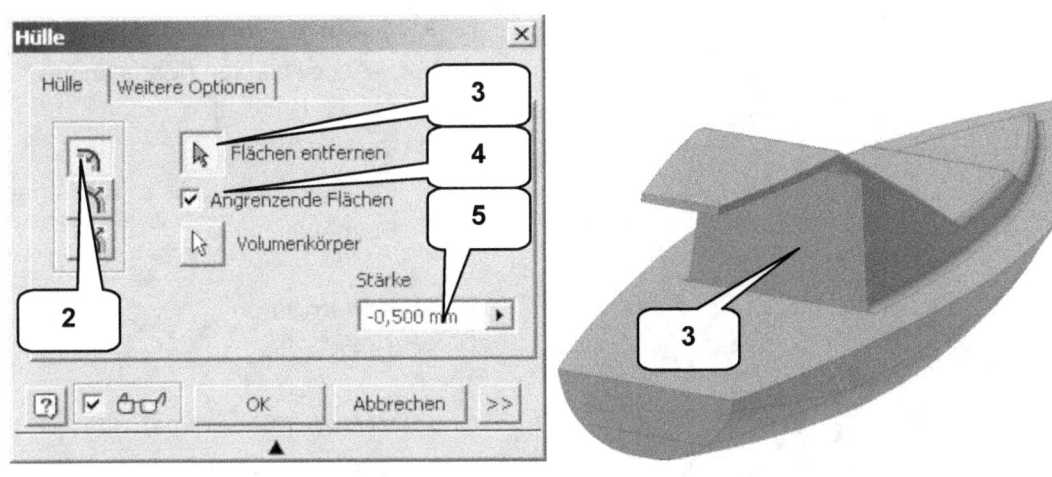

5.10 Ebene für neue 2D-Skizze erzeugen

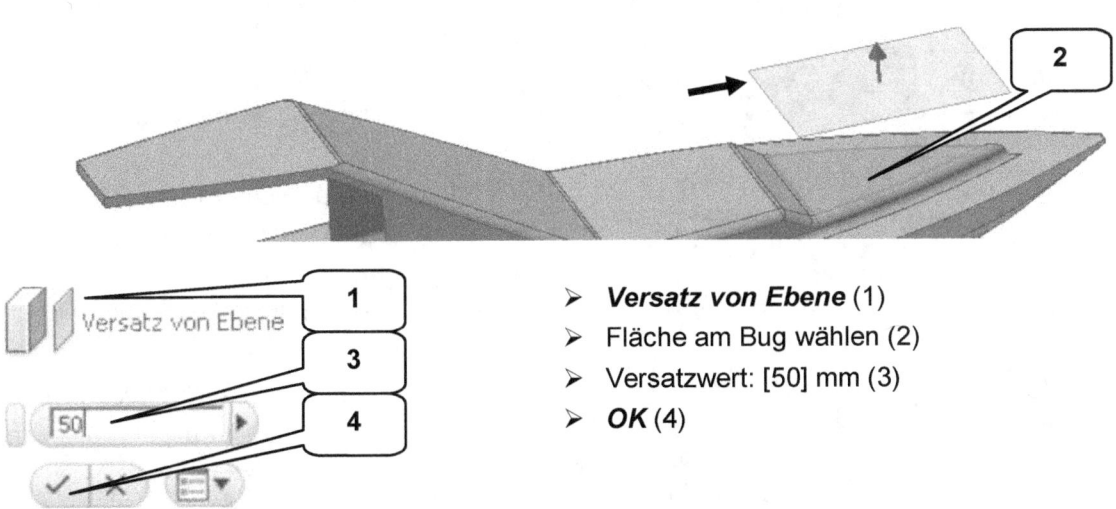

- **Versatz von Ebene** (1)
- Fläche am Bug wählen (2)
- Versatzwert: [50] mm (3)
- **OK** (4)

5.11 2D-Skizze für Lüftungsöffnungen zeichnen

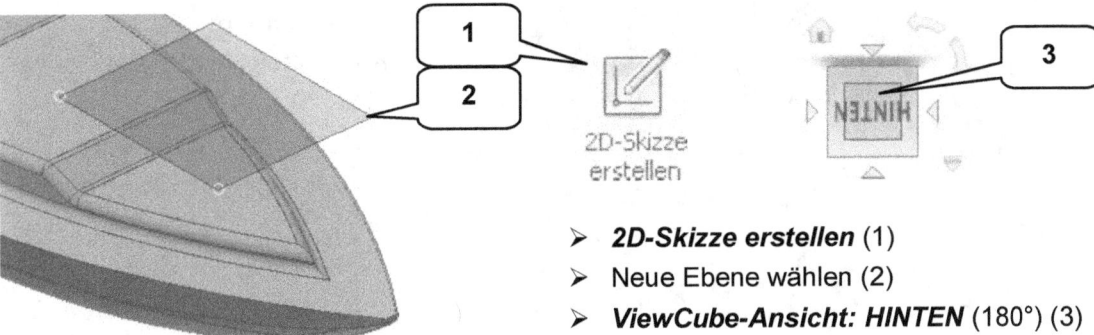

- **2D-Skizze erstellen** (1)
- Neue Ebene wählen (2)
- **ViewCube-Ansicht: HINTEN** (180°) (3)

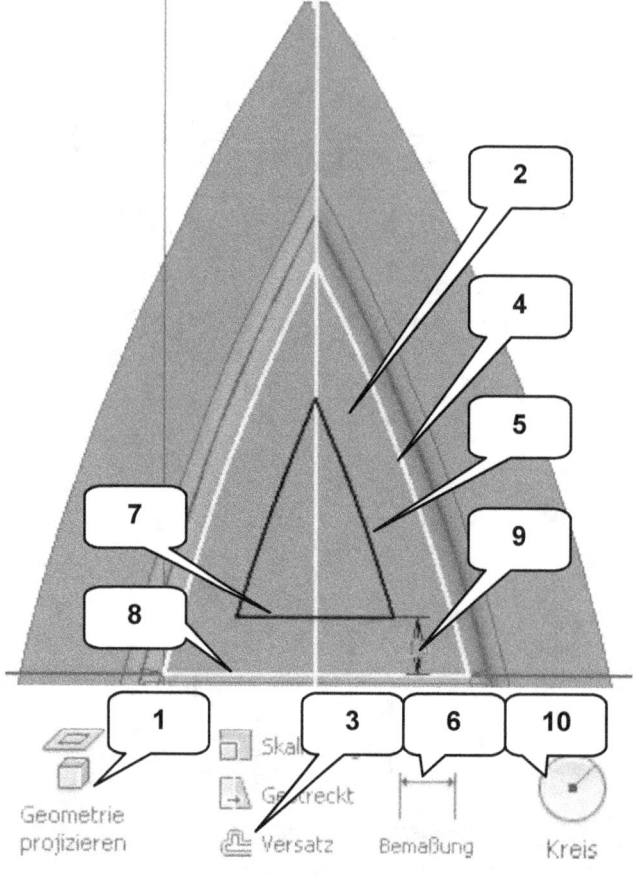

- **Geometrie projizieren** (1)
- Z-Achse wählen (Modellbaum)
- Fläche (2) wählen
- Taste: ESC
- Fenster über alle projizierten Elemente ziehen

- **Konstruktion**
- Taste: ESC

- **Versatz** (3)
- Projizierte Kontur (4) wählen
- Kopie an Pos. (5) ablegen
- Taste: ESC

- **Bemaßung** (6)
- Linien (7, 8) nacheinander wählen
- Maß an Pos. (9) ablegen
- Bemaßungswert: [15] mm
- **OK**
- Taste: ESC

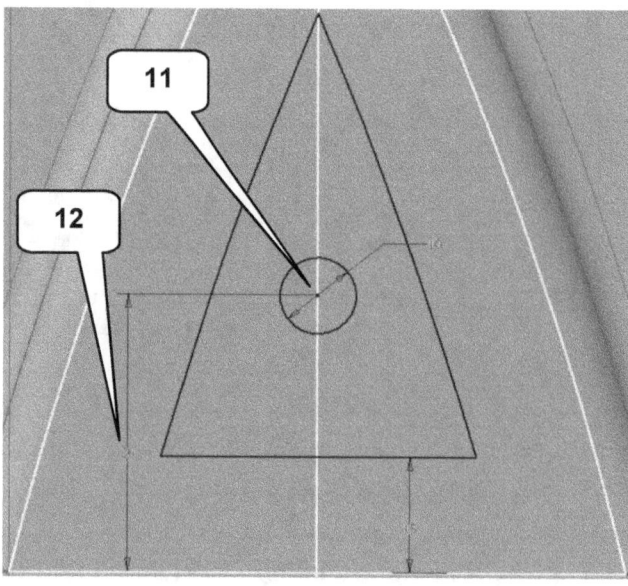

- **Kreis durch Mittelpunkt** (10)
- Mittelpunkt an Pos. (11) ablegen
- Durchmesser: [10] mm
- Taste: ENTER
- Taste: ESC

- **Bemaßung** (6)
- Kreismittelpunkt (11) wählen
- Linie (8) wählen
- Maß an Pos. (12) ablegen
- Bemaßungswert: [36] mm
- **OK**
- Taste: ESC

Aufbauten (Speedboot)

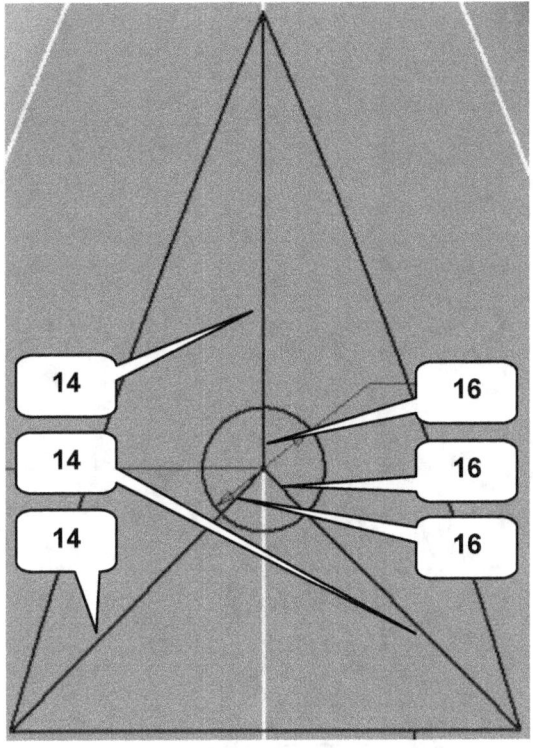
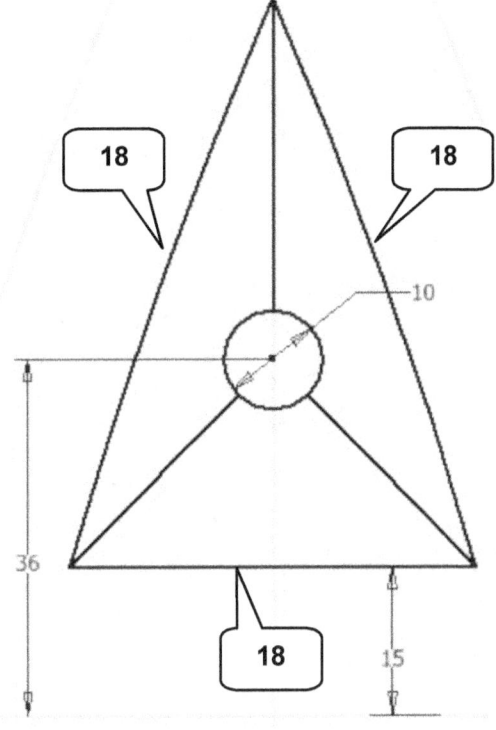

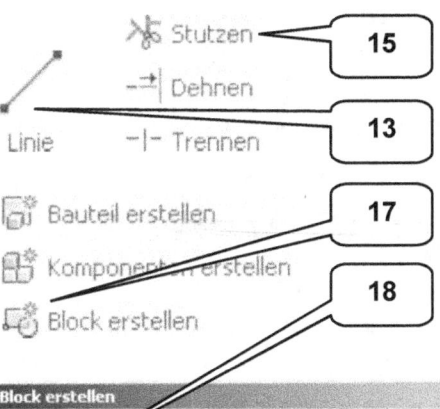

- **Linie** (13)
- Drei Linien (14) zeichnen (jeweils vom Mittelpunkt des Kreises zum Eckpunkt der versetzten Geometrie)
- Taste: ESC

- **Stutzen** (15)
- 3 Linienenden im Kreis (16) entfernen
- Taste: ESC

- **Block erstellen** (17)
- Geometrie: Drei Linien (18) wählen
- **OK**

- **Skizze fertig stellen**

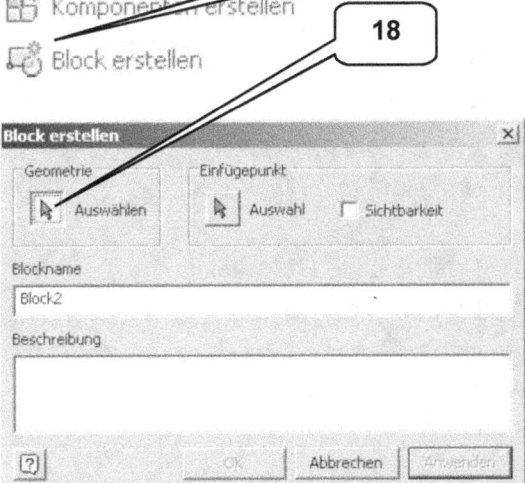

5.12 Lüftungsöffnung einfügen

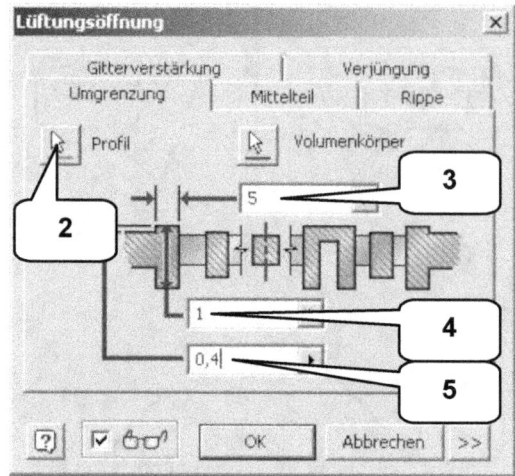
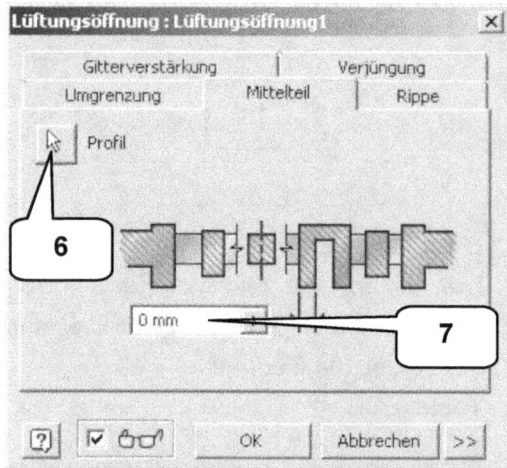
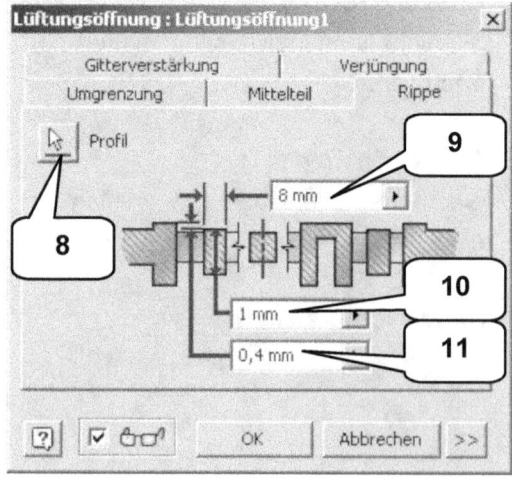
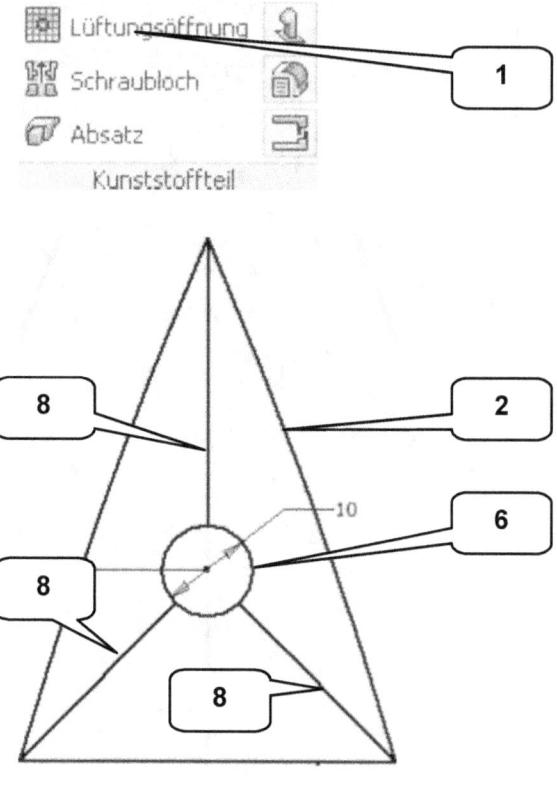

- **Lüftungsöffnung** (1)
- Reiter: Umgrenzung
- Profil: Linienkontur (2) wählen
- Breite: [5] mm (3)
- Höhe: [1] mm (4)
- Außenhöhe: [0,4] mm (5)
- Reiter: Mittelteil
- Profil: Kreis (6) wählen
- Breite: [0] mm (7)
- Reiter: Rippe
- Profil: 3 Linien (8) wählen
- Breite: [8] mm (9)
- Höhe: [1] mm (10)
- Außenhöhe: [0,4] mm (11)
- **OK**

5.13 Bugspitze mit einer Kugel versehen

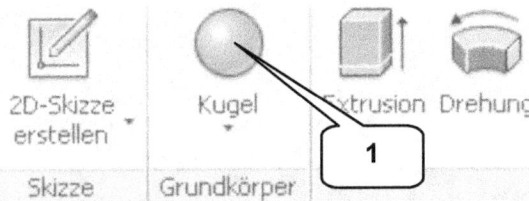

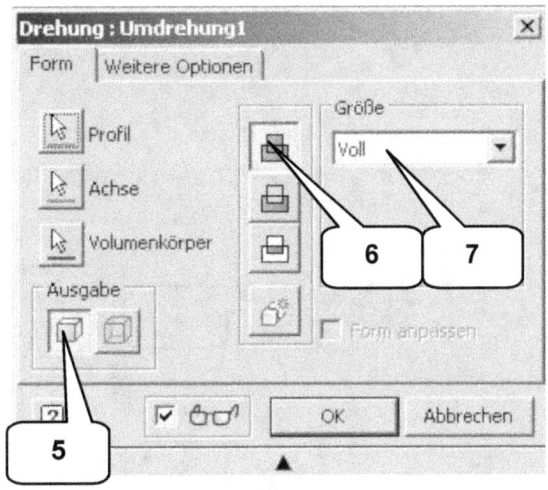

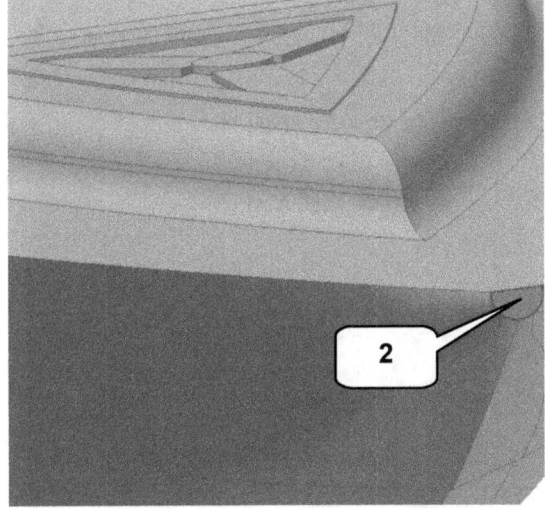

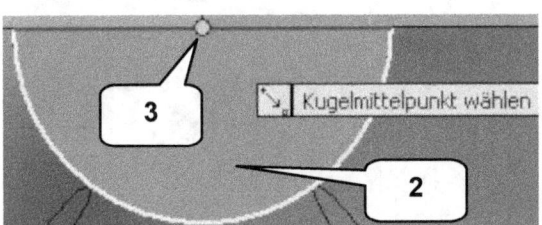

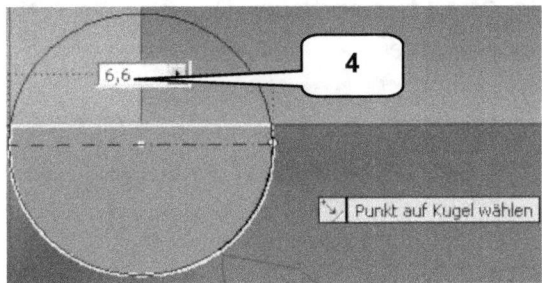

- ➤ **Kugel** (1)
- ➤ Fläche (2) an Bugspitze wählen
- ➤ Kugelmittelpunkt auf Mittelpunkt des (automatisch) projizierten Bogenmittelpunktes setzen (3)
- ➤ Durchmesser: [6,6] mm (4)
- ➤ Taste: ENTER
- ➤ <u>Im Befehl: Drehung</u>
- ➤ Ausgabe: Volumenkörper (5)
- ➤ Option: Vereinigung (6)
- ➤ Größe: Voll (7)
- ➤ **OK**

5.14 Ebene für neue 2D-Skizze erzeugen

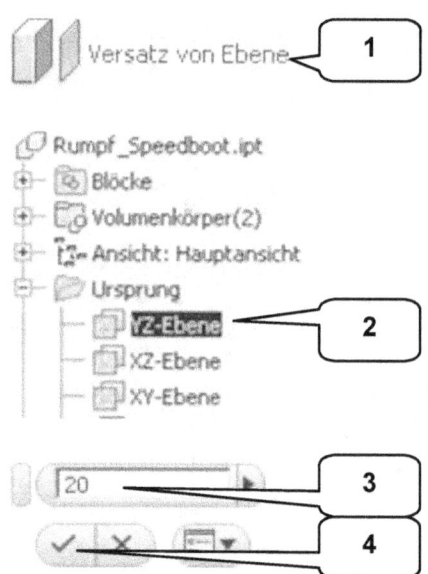
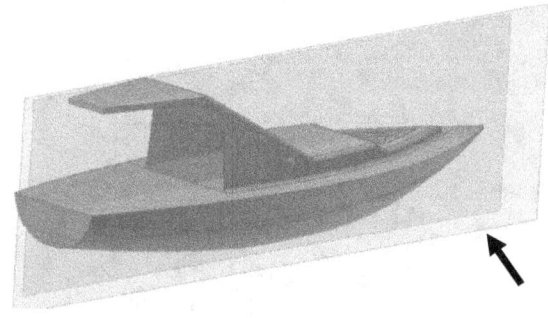

> **Versatz von Ebene** (1)
> YZ-Ebene (2) wählen
> Versatzwert: [20] mm (3)
> **OK** (4)

5.15 2D-Skizze für Dachverstrebung zeichnen

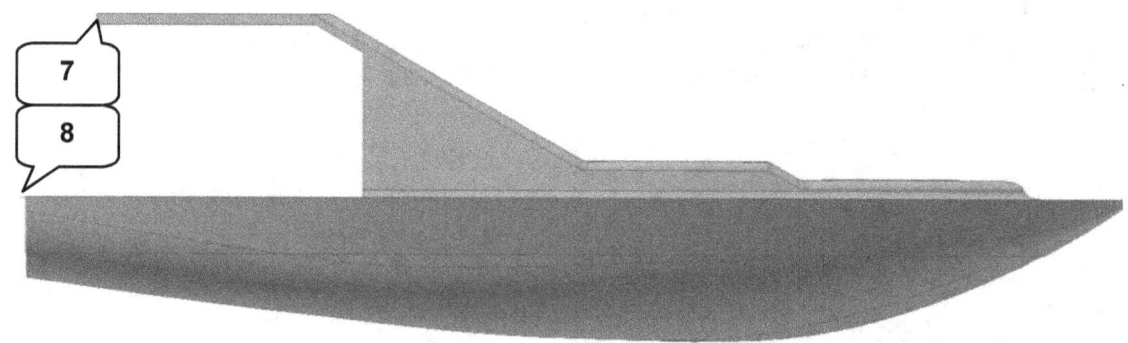

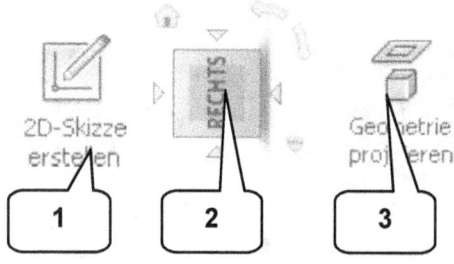

> **2D-Skizze erstellen** (1)
> Neu erzeugte Ebene wählen
>
> **ViewCube-Ansicht: RECHTS** (90° gegen UZS drehen) (2)
>
> Taste: F7 (Skizze aufschneiden)

 Um die vier Kanten exakt projizieren zu können, sollte sehr nah an die betreffenden Bereiche herangezoomt werden.

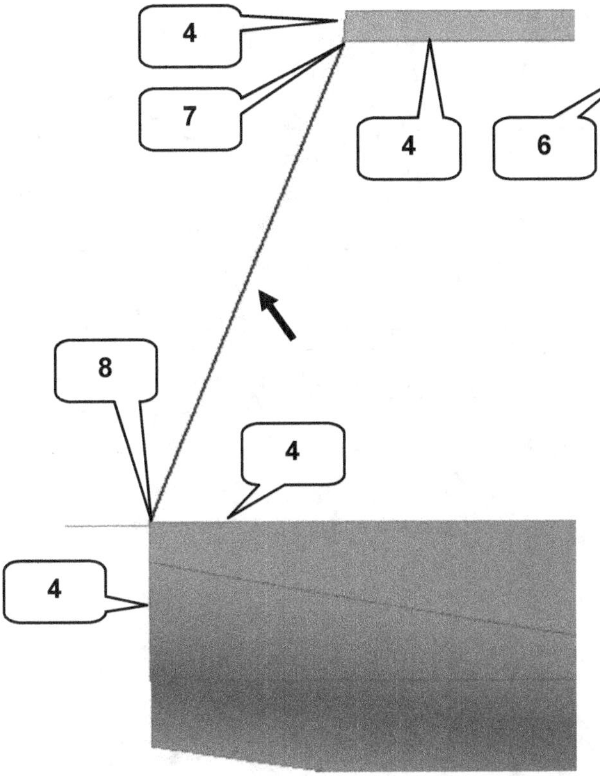

Aufbauten (Speedboot)

> **Geometrie projizieren** (3)
> Vier Kanten nacheinander wählen (4)
> Taste: ESC
> Fenster über alle projizierten Elemente ziehen

> **Konstruktion** (5)
> Taste: ESC

> **Linie** (6)
> 1. Linienpunkt: Eckpunkt (7) wählen
> 2. Linienpunkt: Eckpunkt (8) wählen
> Taste: ESC

> **Skizze fertig stellen**

5.16 Dachverstrebung als Rippe erzeugen

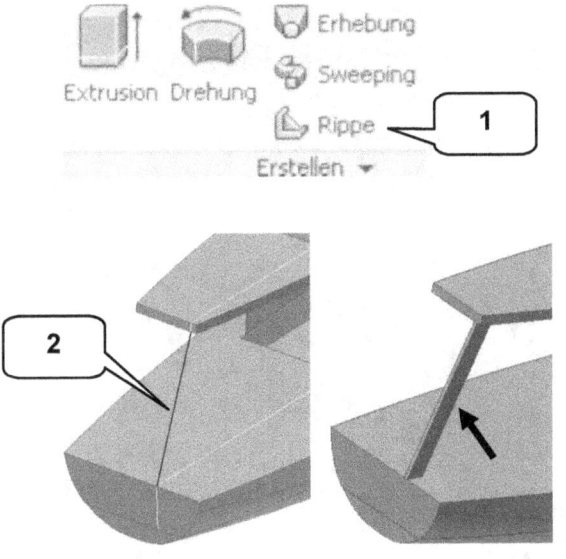

> **Rippe** (1)
> Profil: Linie (2) wählen
> Option: Parallel zur Skizzierebene (3)
> Richtung: 2 (4)
> Aktivieren: Profil dehnen (5)
> Stärke: [3] mm (6)
> Option: Symmetrisch (7)
> Option: Begrenzt (8)
> Größe: [10] mm (9)
> **OK**

Aufbauten (Speedboot)

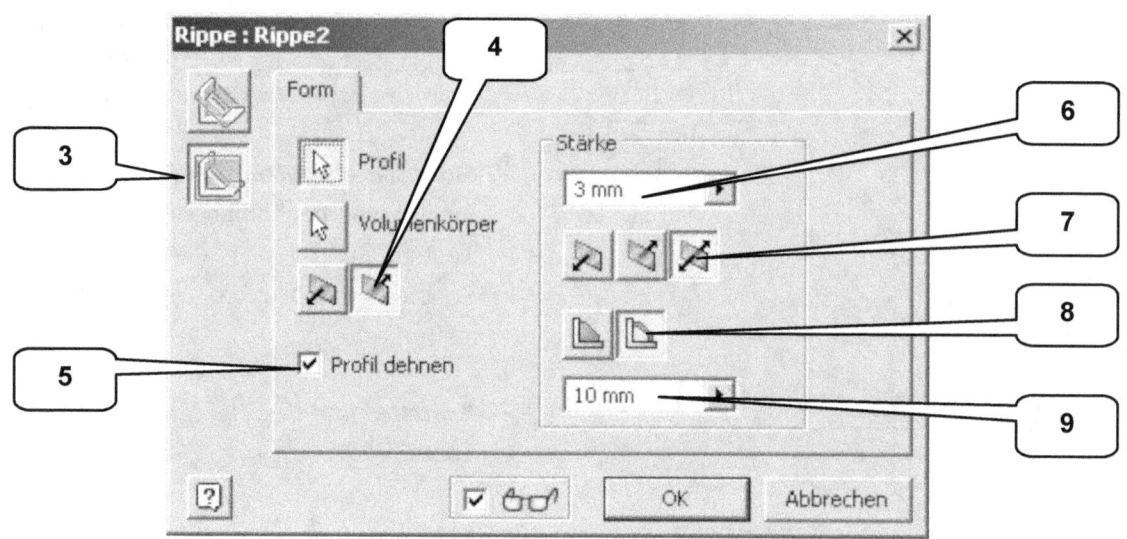

5.17 Dachverstrebung spiegeln

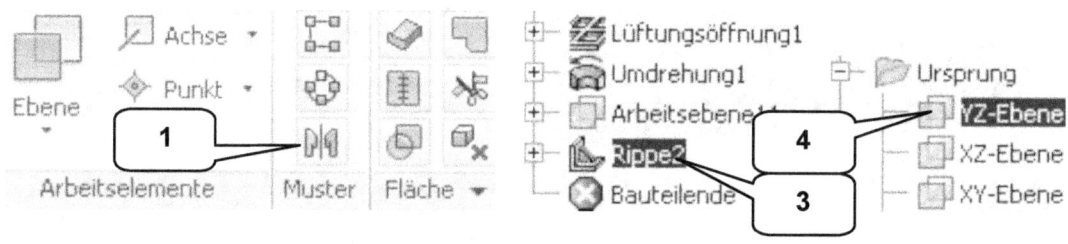

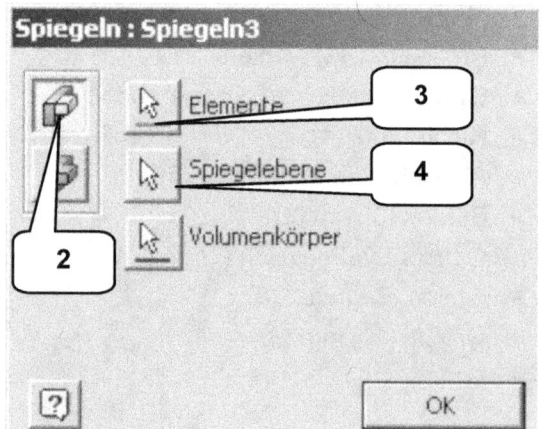

- **Spiegeln** (1)
- Option: Einzelne Elemente spiegeln (2)
- Elemente: Rippe (3)
- Spiegelebene: YZ-Ebene (4)
- **OK**

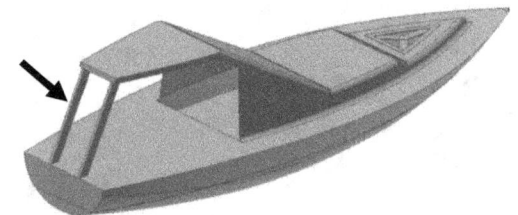

Aufbauten (Speedboot)

5.18 2D-Skizze für Fensteraussparungen erzeugen

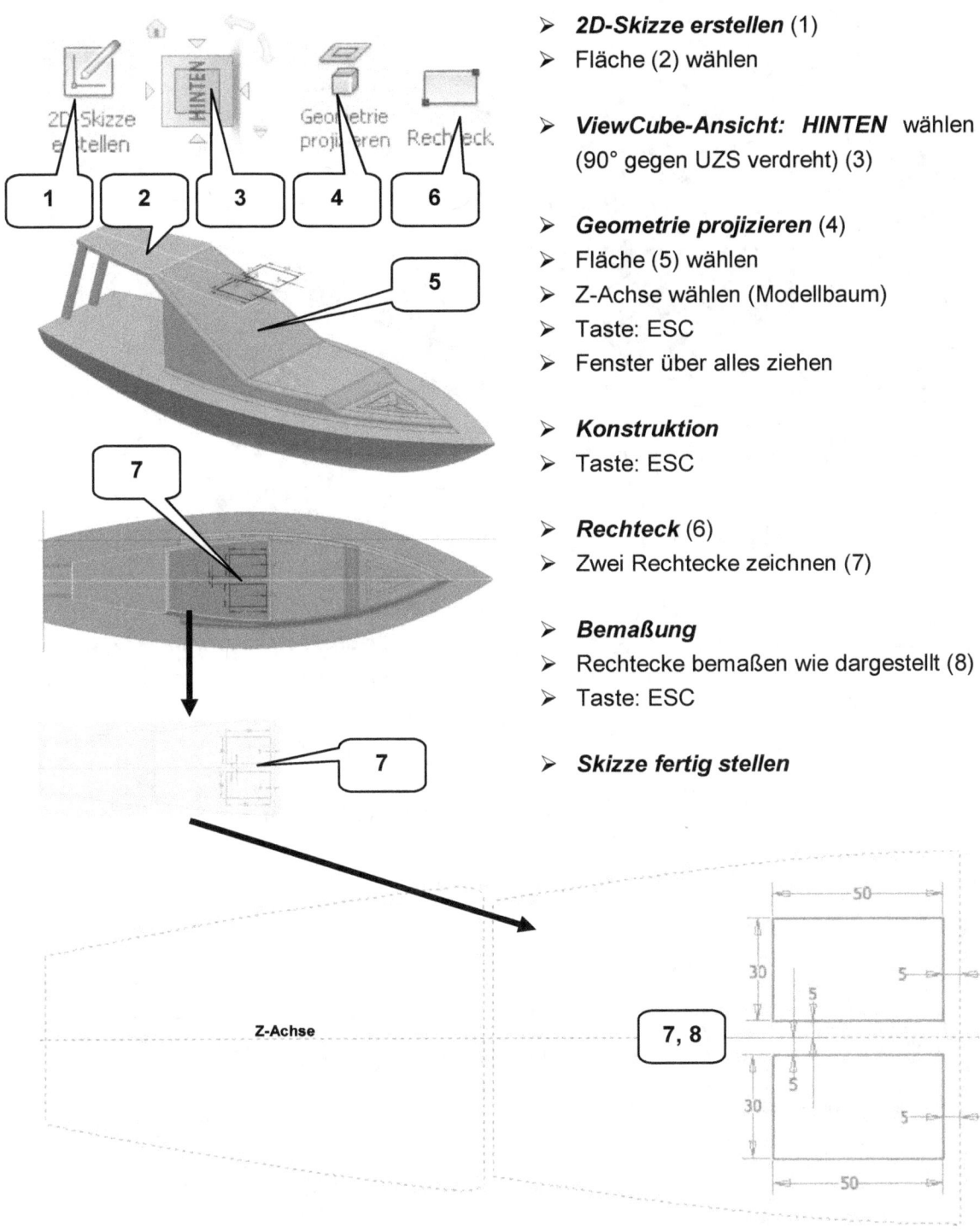

- **2D-Skizze erstellen** (1)
- Fläche (2) wählen

- **ViewCube-Ansicht: HINTEN** wählen (90° gegen UZS verdreht) (3)

- **Geometrie projizieren** (4)
- Fläche (5) wählen
- Z-Achse wählen (Modellbaum)
- Taste: ESC
- Fenster über alles ziehen

- **Konstruktion**
- Taste: ESC

- **Rechteck** (6)
- Zwei Rechtecke zeichnen (7)

- **Bemaßung**
- Rechtecke bemaßen wie dargestellt (8)
- Taste: ESC

- **Skizze fertig stellen**

5.19 Fensterausparungen extrudieren

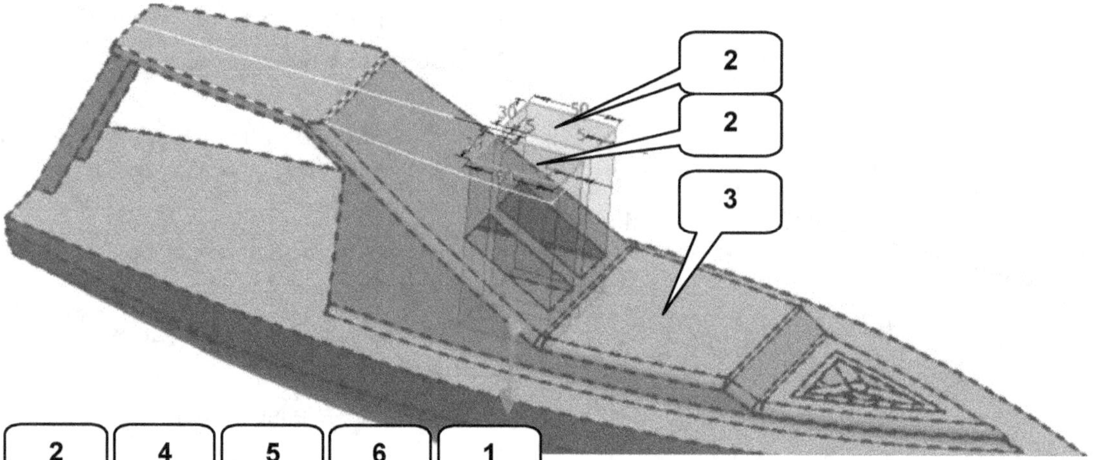

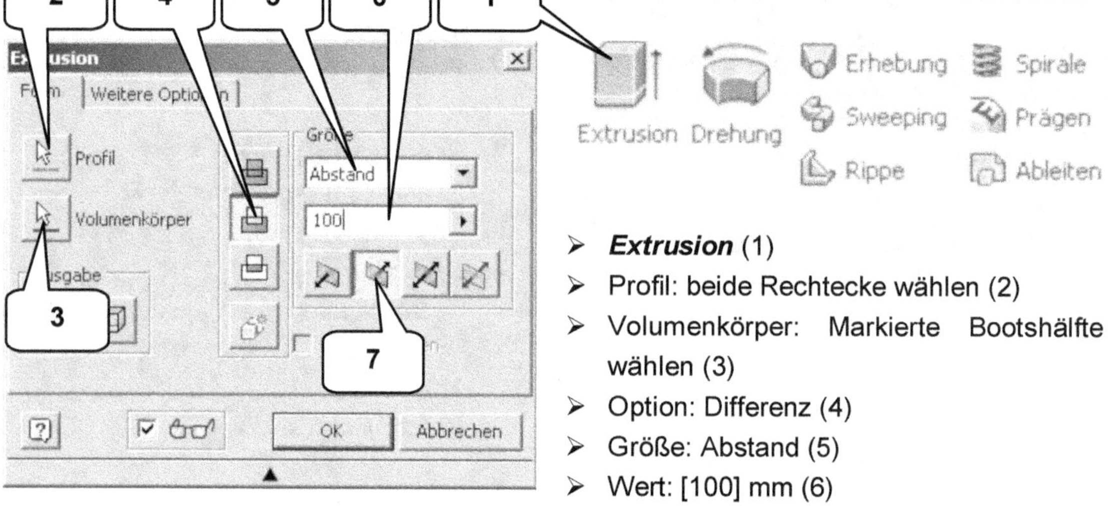

- **Extrusion** (1)
- Profil: beide Rechtecke wählen (2)
- Volumenkörper: Markierte Bootshälfte wählen (3)
- Option: Differenz (4)
- Größe: Abstand (5)
- Wert: [100] mm (6)
- Richtung: 2 (7)
- **OK**

5.20 Farben zuweisen

- „Rumpf_Speedboot" im Modellbaum markieren (1)
- Farbe „Stahlblau" zuweisen (2)
- Taste: ESC

Aufbauten (Speedboot)

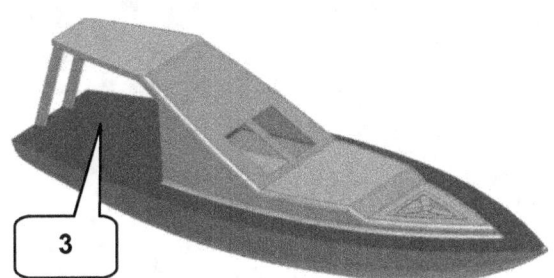

- Fläche (3) markieren (Bootsdeck)
- Farbe „Roteiche - Natur" zuweisen (4)
- Taste: ESC

- Weitere Fläche markieren und Farben nach Wunsch zuordnen

5.21 Ebenen ausblenden, Datei speichern

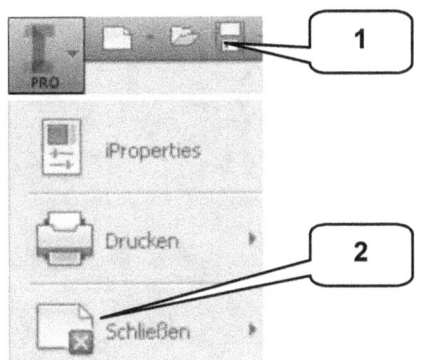

- Sichtbare Ebenen (im Modellbaum farblich dargestellt) bei gedrückter Taste „STRG" markieren
- Rechte Maustaste „Sichtbarkeit" entfernen

- **Speichern** (1)
- **Datei schließen** (2)

 Farben können einem kompletten Bauteil oder einzelnen Flächen zugewiesen werden. Die Option „Überschreibung deaktivieren" entfernt alle gesetzten Farbüberschreibungen.

6 Aufbauten (Segelboot)

Agenda

- Datei „Rumpf_Segelboot" öffnen
- Bugspitze mit einer Kugel versehen
- 2D-Skizze für einen Materialschnitt erzeugen
- Oberen Bereich der Aufbauten schneiden
- 2D-Skizze für Sitzecke zeichnen
- Bodenbereich der Sitzecke extrudieren
- 2D-Skizze reaktivieren, Sitzbereich extrudieren
- Verschieben einer Fläche
- Aufbauten mit Wandstärke versehen
- Sitzbereich abrunden
- 2D-Skizze für Ruderhalterung zeichnen
- Ruderhalterung extrudieren
- Ruderhalterung abrunden
- 2D-Skizze für Schwert zeichnen
- Extrudieren des Schwertes
- Schwert abrunden
- 2D-Skizze für die Masthalterung zeichnen
- Drehen der Masthalterung
- Farben zuweisen, Datei speichern und schließen

Aufbauten (Segelboot)

6.1 Bauteil „Rumpf_Segelboot" öffnen

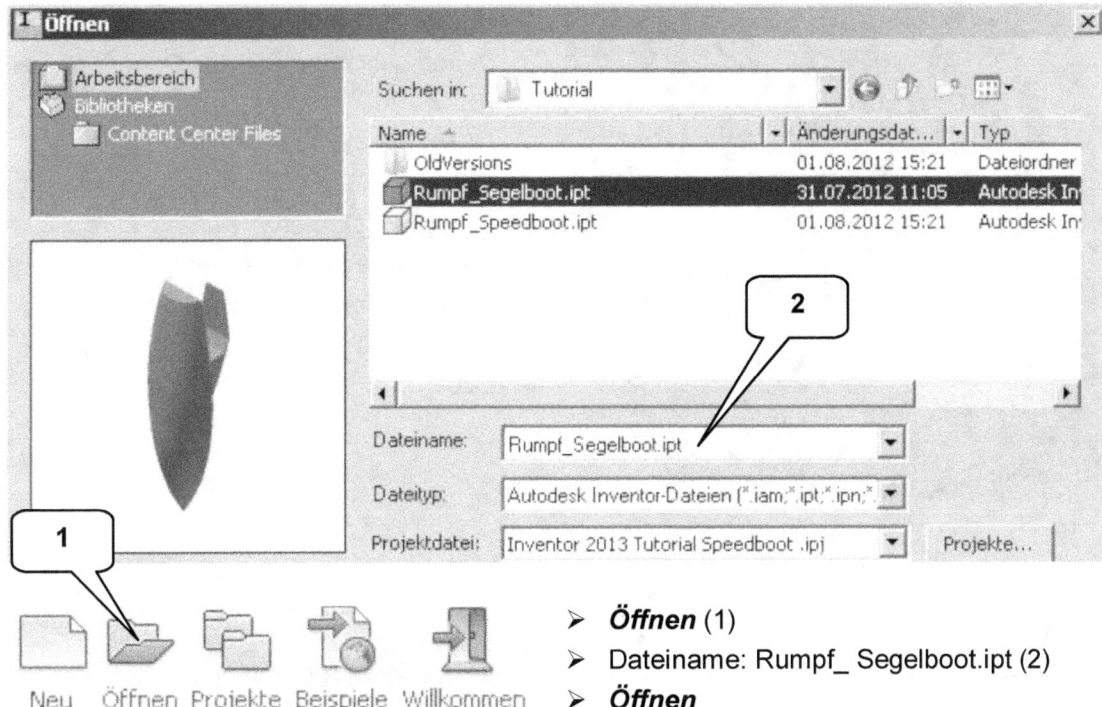

- **Öffnen** (1)
- Dateiname: Rumpf_ Segelboot.ipt (2)
- **Öffnen**

6.2 Bugspitze mit einer Kugel versehen

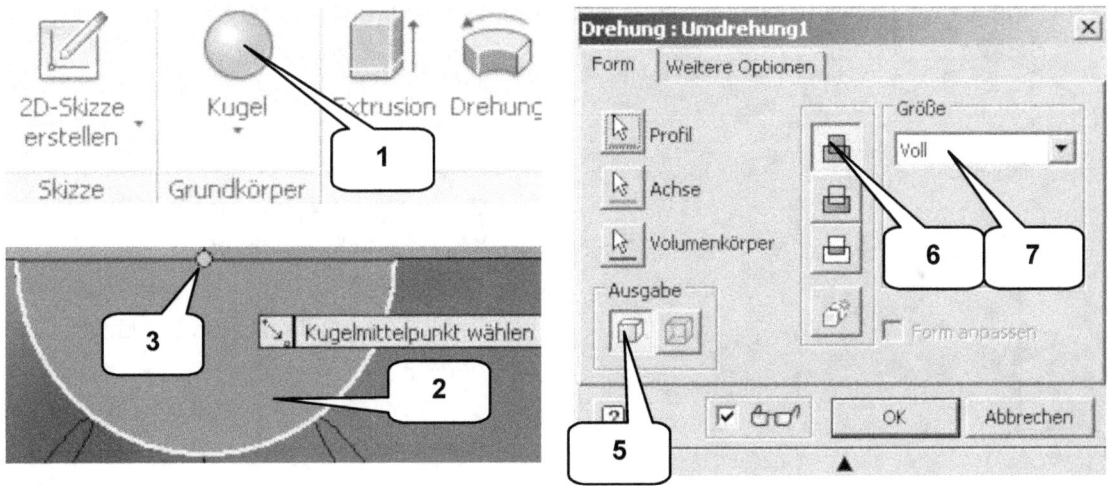

Aufbauten (Segelboot)

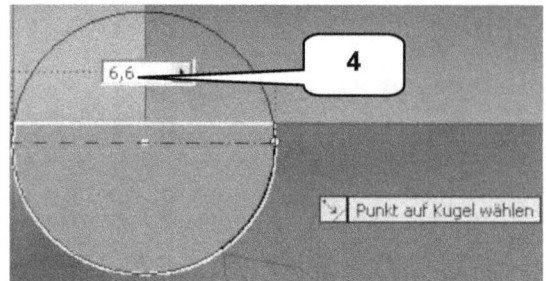

- **Kugel** (1)
- Fläche (2) an Bugspitze wählen
- Kugelmittelpunkt auf Mittelpunkt des (automatisch) projizierten Bogens setzen (3)
- Durchmesser: [6,6] mm (4)
- Taste: ENTER
- Im Befehl: Drehung
- Ausgabe: Volumenkörper (5)
- Option: Vereinigung (6)
- Größe: Voll (7)
- **OK**

6.3 2D-Skizze für Materialschnitt zeichnen

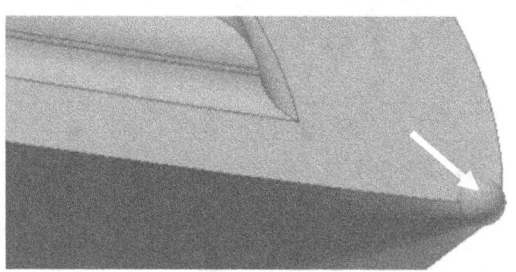

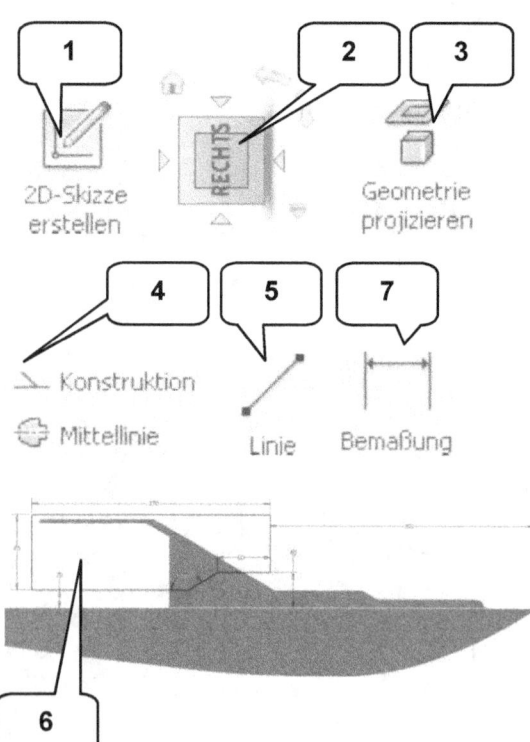

- **2D-Skizze erstellen** (1)
- Ordner „Ursprung" aufklappen (Modellbaum)
- YZ-Ebene wählen

- **ViewCube-Ansicht: RECHTS** (90° gegen UZS drehen) (2)

- Taste: F7 (Skizze aufschneiden)

- **Geometrie projizieren** (3)
- X,- Y-, Z-Achse wählen
- Taste: ESC
- Fenster über alle projizierten Linien ziehen

- **Konstruktion** (4)
- Taste: ESC

Aufbauten (Segelboot)

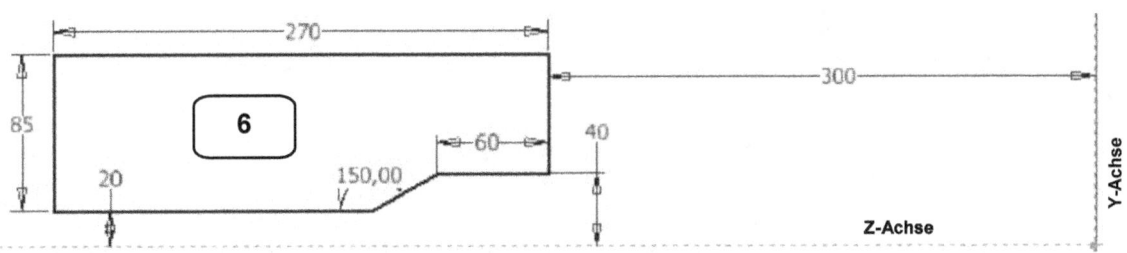

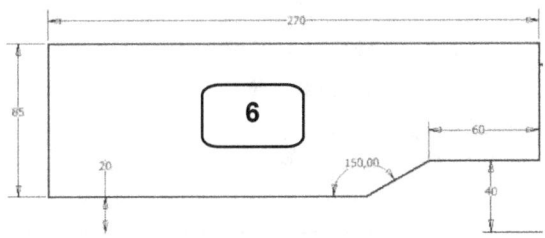

> *Linie* (5)
> Kontur (6) zeichnen
> Taste: ESC

> *Bemaßung* (7)
> Bemaßungen übernehmen wie dargestellt (6)
> Taste: ESC

> **Skizze fertig stellen**

6.4 Materialschnitt erzeugen

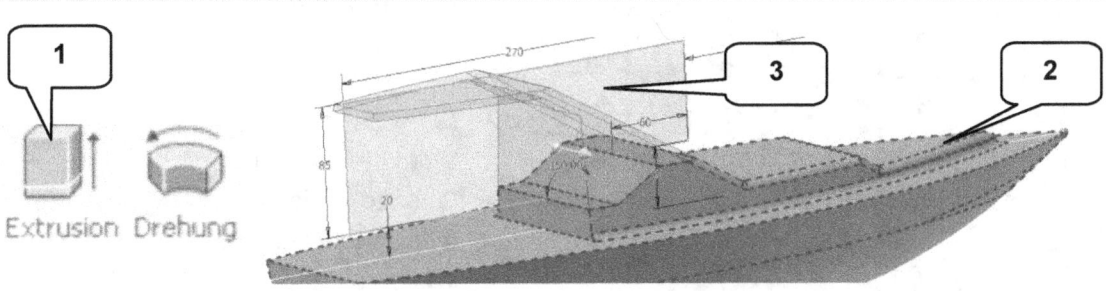

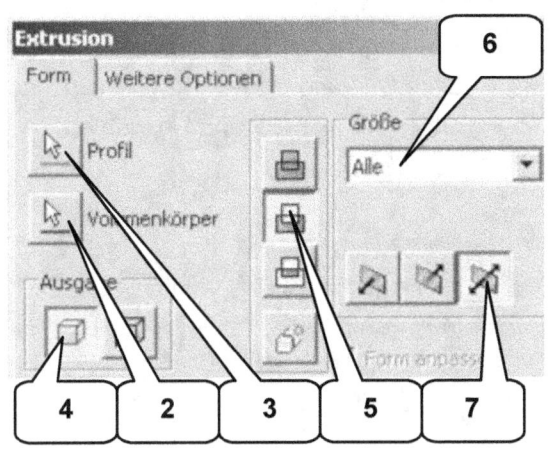

> *Extrusion* (1)
> Volumenkörper: Oberen Volumenkörper (2) wählen
> Profil: Kontur (3) wählen
> Ausgabe: Volumenkörper (4)
> Option: Differenz (5)
> Größe: Alle (6)
> Richtung: Symmetrisch (7)
> **OK**

6.5 2D-Skizze für Sitzecke zeichnen

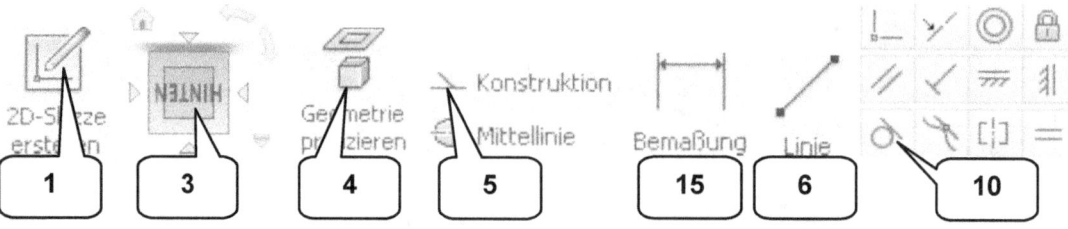

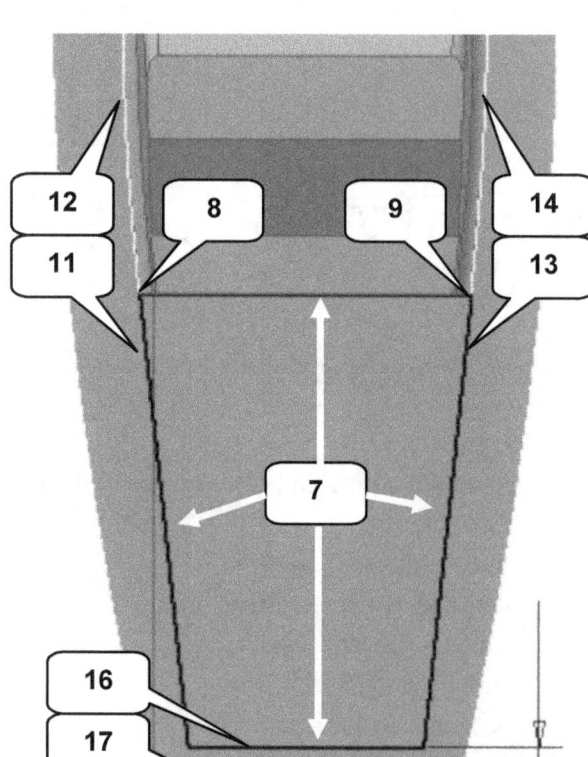

- **2D-Skizze erstellen** (1)
- Fläche wählen (2)

- **ViewCube-Ansicht: HINTEN** (180° drehen) (3)

- **Geometrie projizieren** (4)
- Fläche wählen (2)
- Taste: ESC
- Fenster über gesamtes Boot ziehen

- **Konstruktion** (5)
- Taste: ESC

- **Linie** (6)
- Vier Linien zeichnen (7)
- Oberste Linie soll die Punkte (8, 9) miteinander verbinden
- Taste: ESC

- **Abhängigkeit: Tangential** (10)
- Linie (11) und Bogen (12) wählen
- Linie (13) und Bogen (14) wählen
- Taste: ESC

- **Bemaßung** (15)
- Linien (16) und (17) wählen
- Maß ablegen
- Wert: [20] mm (18)
- Taste: ESC

Aufbauten (Segelboot)

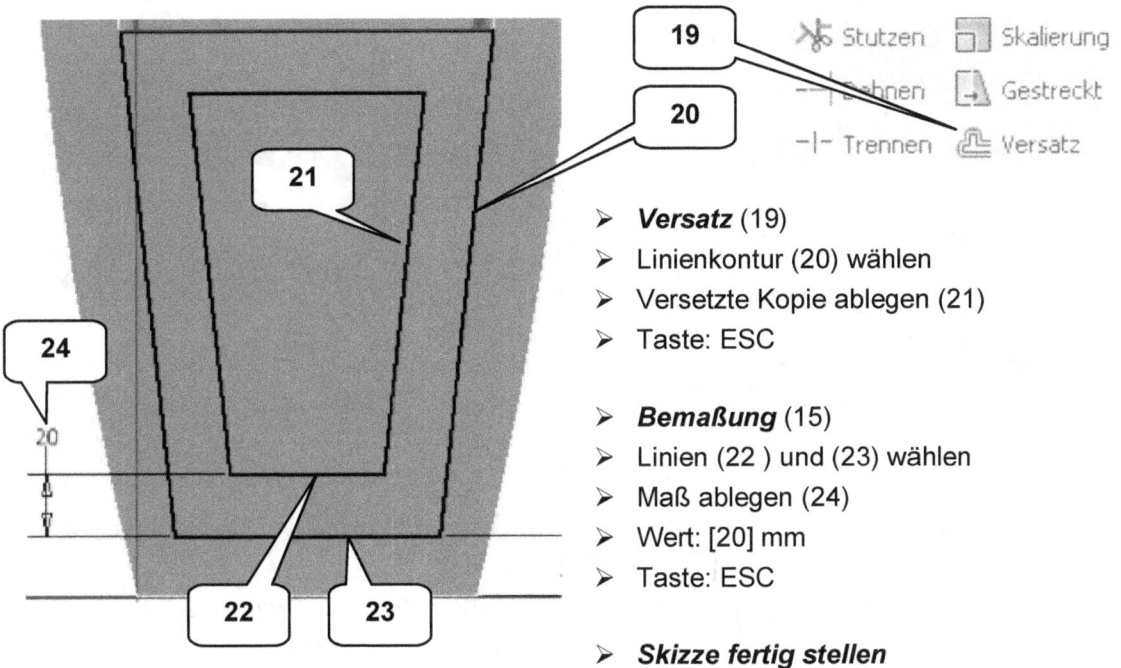

- **Versatz** (19)
- Linienkontur (20) wählen
- Versetzte Kopie ablegen (21)
- Taste: ESC

- **Bemaßung** (15)
- Linien (22) und (23) wählen
- Maß ablegen (24)
- Wert: [20] mm
- Taste: ESC

- **Skizze fertig stellen**

6.6 Bodenbereich der Sitzecke extrudieren

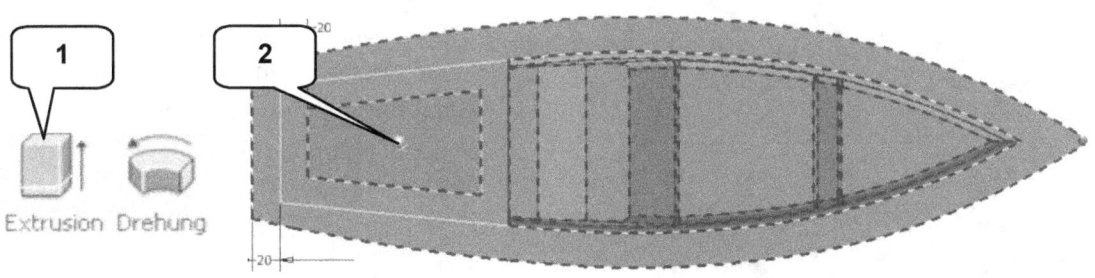

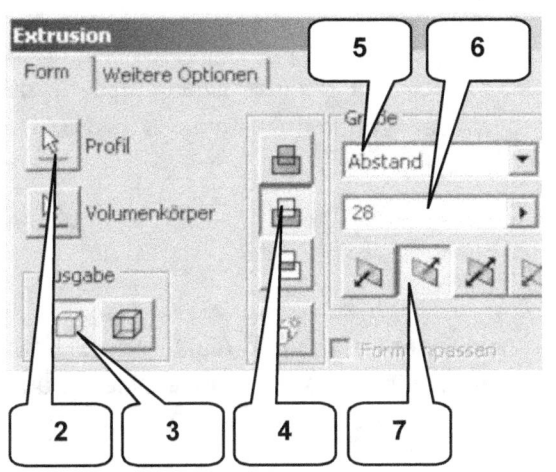

- **Extrusion** (1)
- Profil: Kontur (2) wählen (innere Kontur, welche mittels „Versatz" erzeugt wurde)
- Ausgabe: Volumenkörper (3)
- Option: Differenz (4)
- Größe: Abstand (5)
- Wert: [28] mm (6)
- Richtung: 2 (7)
- **OK**

6.7 2D-Skizze reaktivieren, Sitzbereich extrudieren

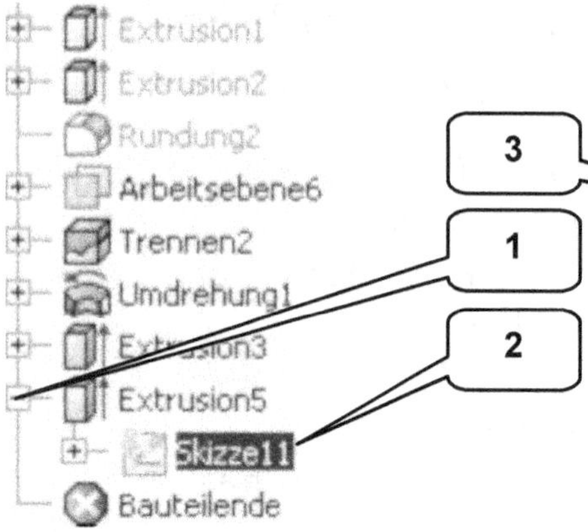

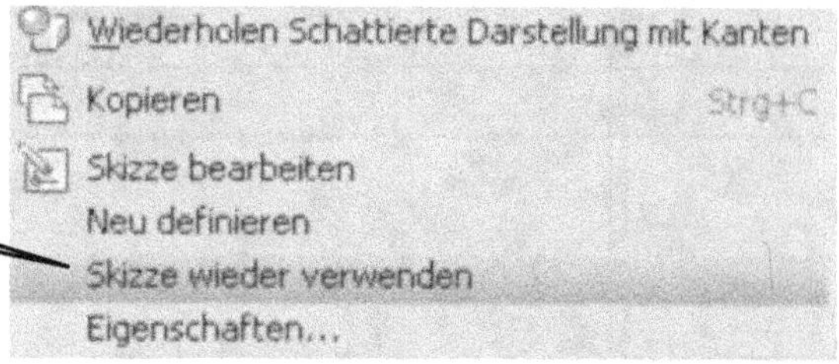

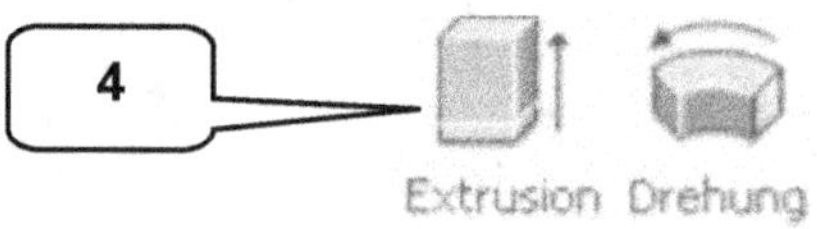

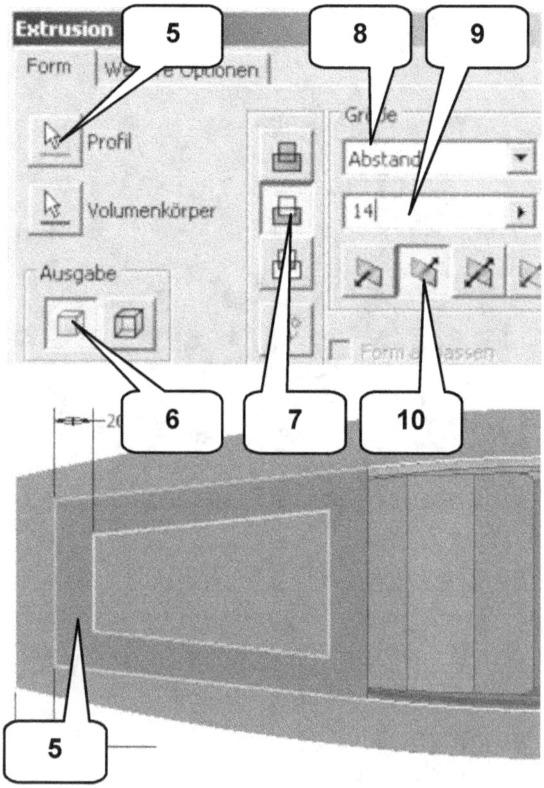

- Letzte Extrusion im Modellbaum erweitern (1)
- Darin enthaltene Skizze markieren (2)
- Rechte Maustaste > Skizze wieder verwenden (3)

- **Extrusion** (4)
- Profil: Kontur (5) wählen (Kontur zwischen originaler und versetzter Kontur)
- Ausgabe: Volumenkörper (6)
- Option: Differenz (7)
- Größe: Abstand (8)
- Wert: [14] mm (9)
- Richtung: 2 (10)
- **OK**

- Sichtbarkeit der reaktivierten 2D-Skizze wieder entfernen (rechte Maustaste > Sichtbarkeit)

Durch den Befehl „Skizze wieder verwenden" reaktivierte Skizzen bleiben im Zeichenbereich sichtbar, bis sie manuell wieder ausgeblendet werden (rechte Maustaste > Sichtbarkeit).

Aufbauten (Segelboot)

6.8 Verschieben einer Fläche

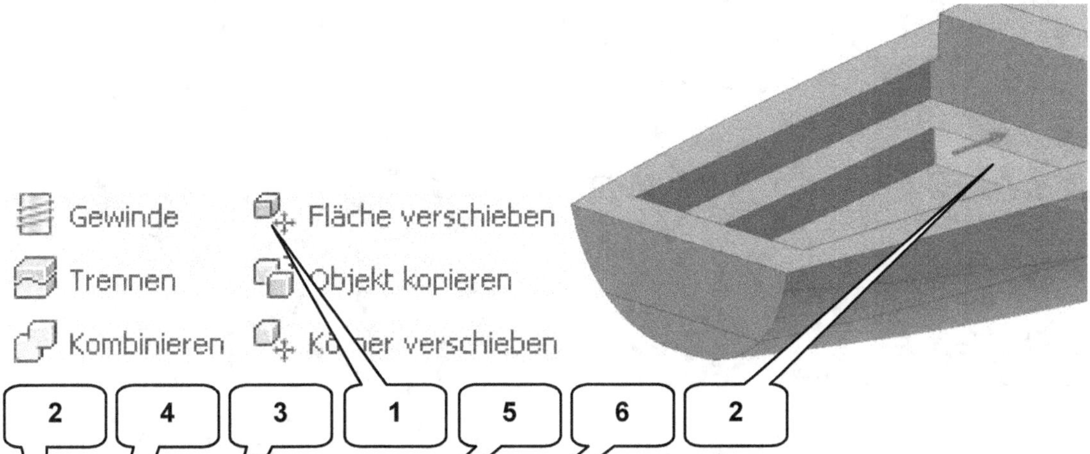

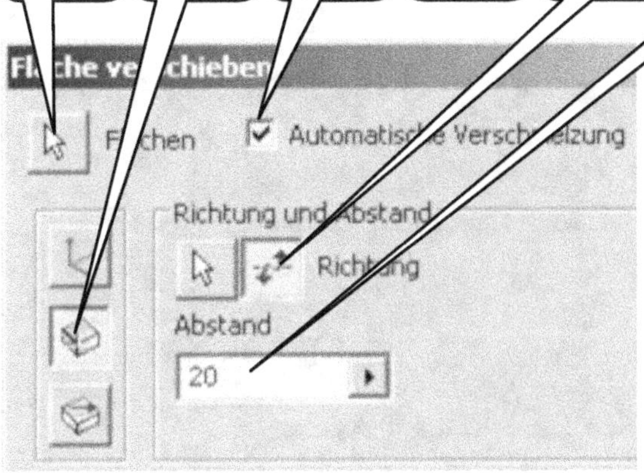

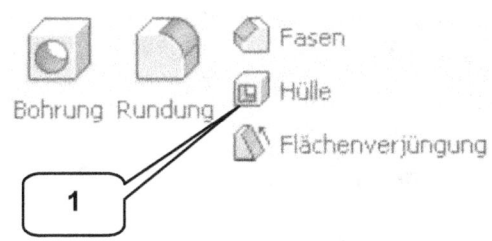

- **Fläche verschieben** (1)
- Fläche (2) wählen
- Aktivieren: Automatische Verschmelzung (3)
- Option: Richtung und Abstand (4)
- Richtung umschalten (5) (Pfeil muss in Richtung Bug zeigen)
- Abstand: [20] mm (6)
- **OK**

6.9 Aufbauten mit Wandstärke versehen

- **Hülle** (1)
- Option: Innerhalb (2)
- Flächen entfernen: Drei Flächen wählen (3)
- Aktivieren: Angrenzende Flächen (4)
- Stärke: [0,5] mm (5)
- **OK**

Aufbauten (Segelboot)

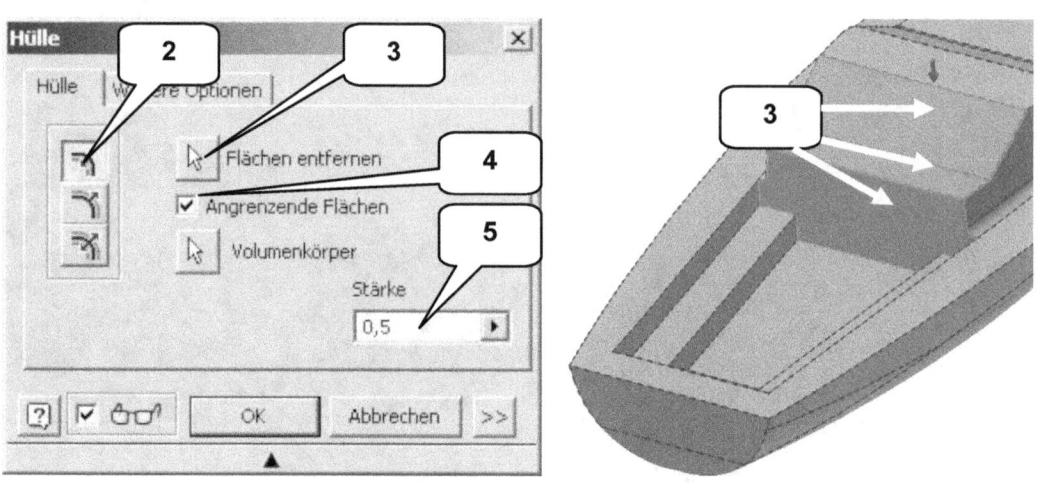

6.10 Sitzbereich abrunden

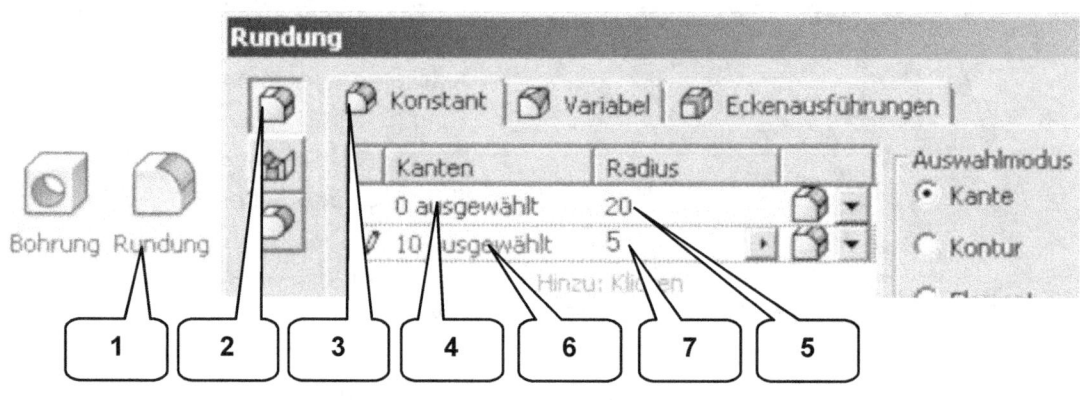

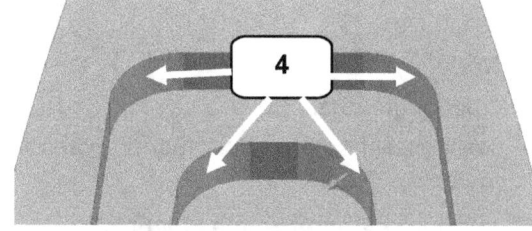

- ➢ **Rundung** (1)
- ➢ Option: Kantenabrundung (2)
- ➢ Reiter: Konstant (3)
- ➢ Vier Kanten wählen (4)
- ➢ Radius: [20] mm (5)
- ➢ **Anwenden**

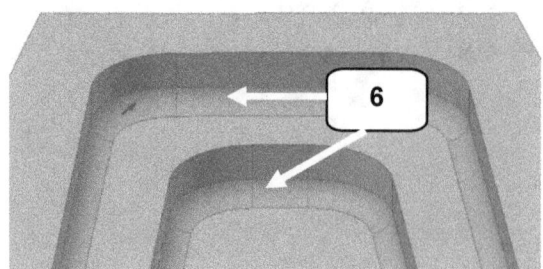

- ➢ Zwei (umlaufende) Kanten wählen (6)
- ➢ Radius: [5] mm (7)
- ➢ **OK**

Aufbauten (Segelboot)

6.11 2D-Skizze für Ruderhalterung zeichnen

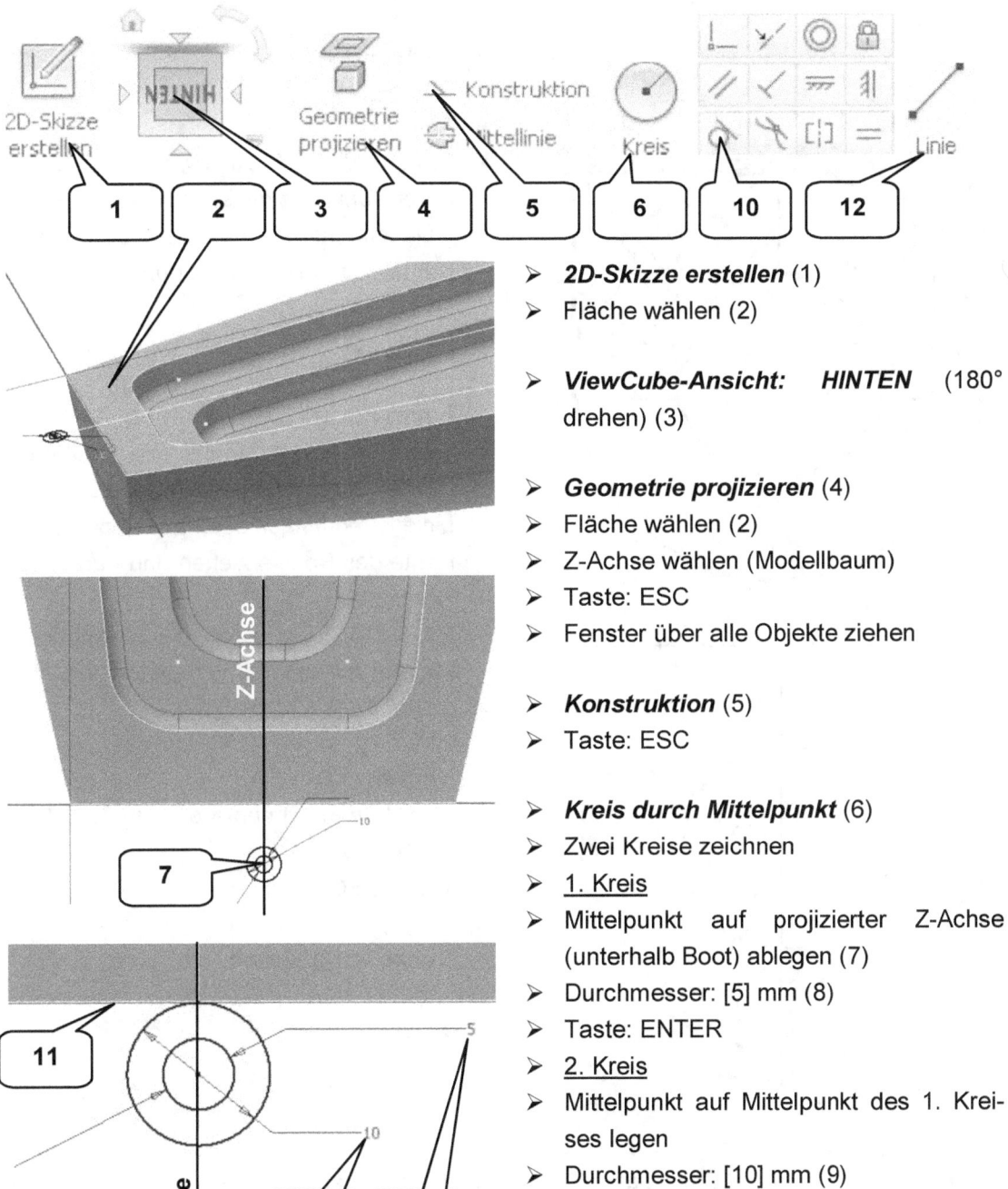

- **2D-Skizze erstellen** (1)
- Fläche wählen (2)

- **ViewCube-Ansicht: HINTEN** (180° drehen) (3)

- **Geometrie projizieren** (4)
- Fläche wählen (2)
- Z-Achse wählen (Modellbaum)
- Taste: ESC
- Fenster über alle Objekte ziehen

- **Konstruktion** (5)
- Taste: ESC

- **Kreis durch Mittelpunkt** (6)
- Zwei Kreise zeichnen
- 1. Kreis
- Mittelpunkt auf projizierter Z-Achse (unterhalb Boot) ablegen (7)
- Durchmesser: [5] mm (8)
- Taste: ENTER
- 2. Kreis
- Mittelpunkt auf Mittelpunkt des 1. Kreises legen
- Durchmesser: [10] mm (9)
- Taste: ENTER
- Taste: ESC

Aufbauten (Segelboot)

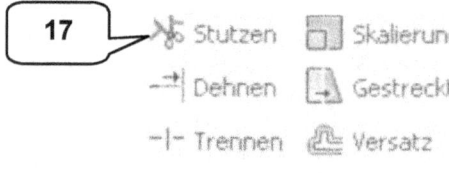

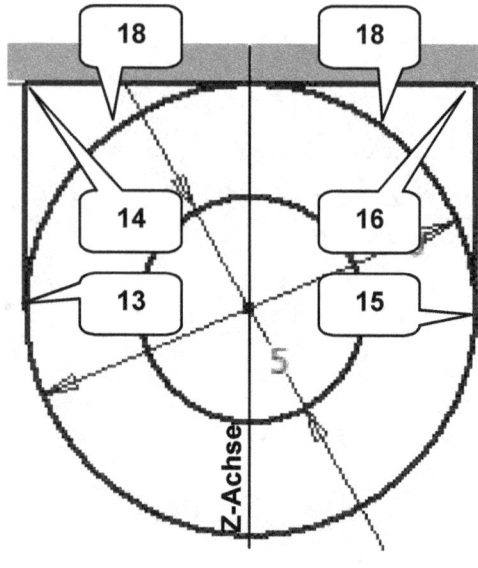

- **Abhängigkeit: Tangential** (10)
- Projizierte Kante (11) und Kreis (D = 10 mm) wählen
- Taste: ESC

- **Linie** (12)
- Startpunkt der 1. Linie wählen (äußerer, linker Punkt des großen Kreises) (13)
- Linie lotrecht nach oben an die projizierte Kante des Bootes ziehen und darauf ablegen (14)
- Taste: ESC

- **Linie** (12)
- Startpunkt der 2. Linie wählen (äußerer, rechter Punkt des großen Kreises) (15)
- Linie lotrecht nach oben an die projizierte Kante des Bootes ziehen und darauf ablegen (16)
- Mit der 3. Linie sollen die Linienpunkte (14, 16) miteinander verbunden werden
- Taste: ESC

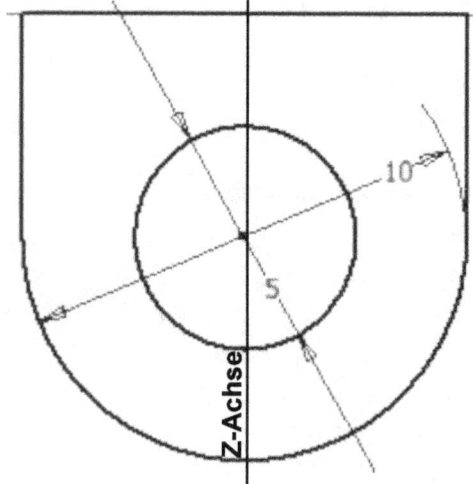

- **Stutzen** (17)
- Zwei Bogensegmente des großen Kreises entfernen (18)
- Taste: ESC

- **Skizze fertig stellen**

Die beiden Linien müssen exakt am äußeren (rechten oder linken) Punkt des Kreises starten. Dieser äußere Punkt wird durch einen kleinen grünen Punkt markiert. Die Endpunkte der beiden Linien müssen auf der projizierten Kante des Bootes liegen.

Aufbauten (Segelboot)

6.12 Ruderhalterung extrudieren

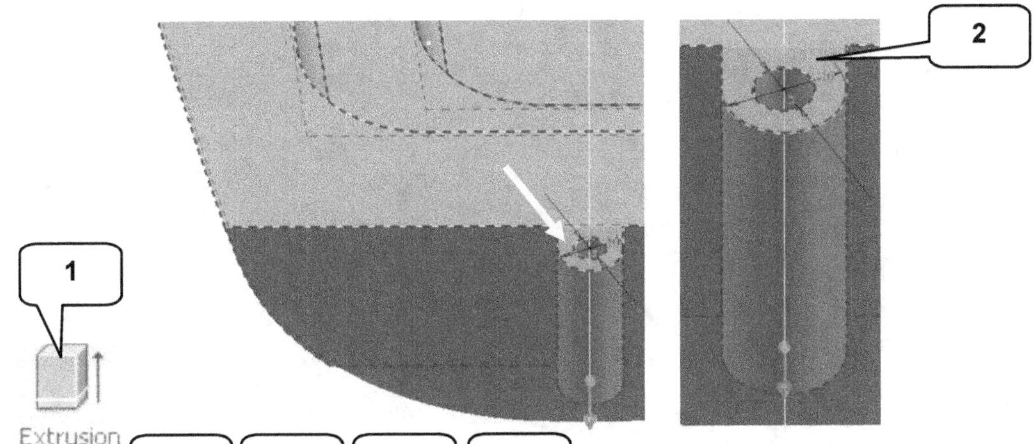

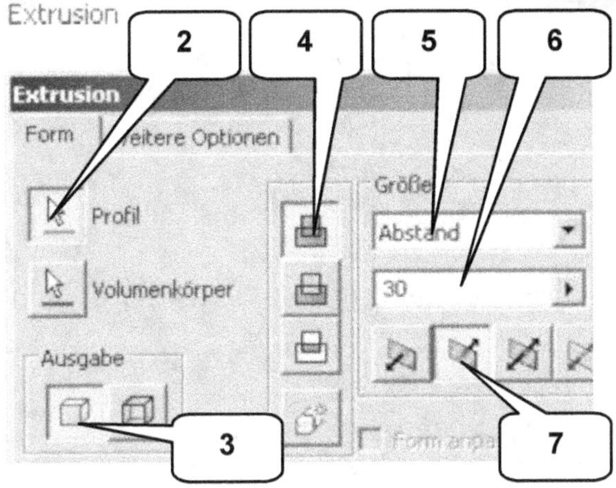

- **Extrusion** (1)
- Profil: Kontur (2) wählen
- Ausgabe: Volumenkörper (3)
- Option: Vereinigung (4)
- Größe: Abstand (5)
- Wert: [30] mm (6)
- Richtung: 2 (7)
- **OK**

6.13 Ruderhalterung abrunden

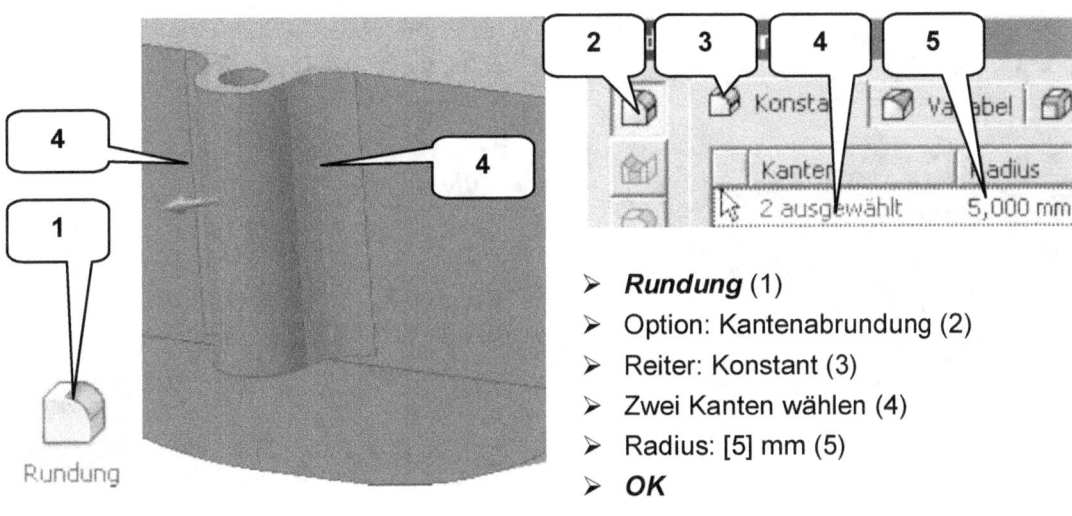

- **Rundung** (1)
- Option: Kantenabrundung (2)
- Reiter: Konstant (3)
- Zwei Kanten wählen (4)
- Radius: [5] mm (5)
- **OK**

Aufbauten (Segelboot)

6.14 2D-Skizze für das Schwert zeichnen

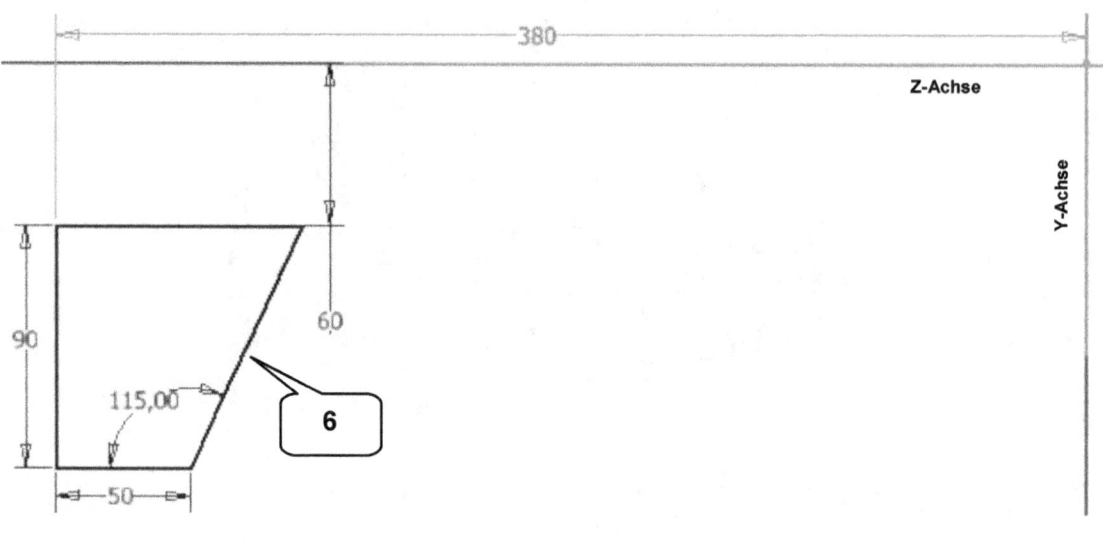

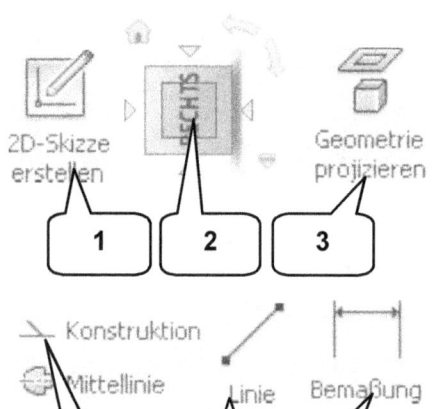

- **2D-Skizze erstellen** (1)
- YZ-Ebene wählen (Modellbaum)

- **ViewCube-Ansicht: RECHTS** (90° gegen UZS drehen) (2)

- **Geometrie projizieren** (3)
- X-, Y-, Z-Achse wählen (Modellbaum)
- Taste: ESC
- Fenster über projizierte Achsen ziehen

- **Konstruktion** (4)
- Taste: ESC

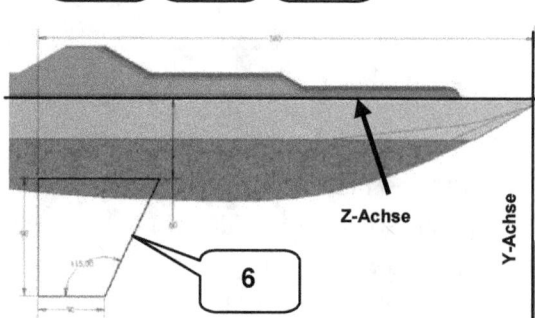

- **Linie** (5)
- Geschlossene Kontur zeichnen (6)

- **Bemaßung** (7)
- Kontur bemaßen
- Taste: ESC

- **Skizze fertig stellen**

Aufbauten (Segelboot)

6.15 Schwert extrudieren

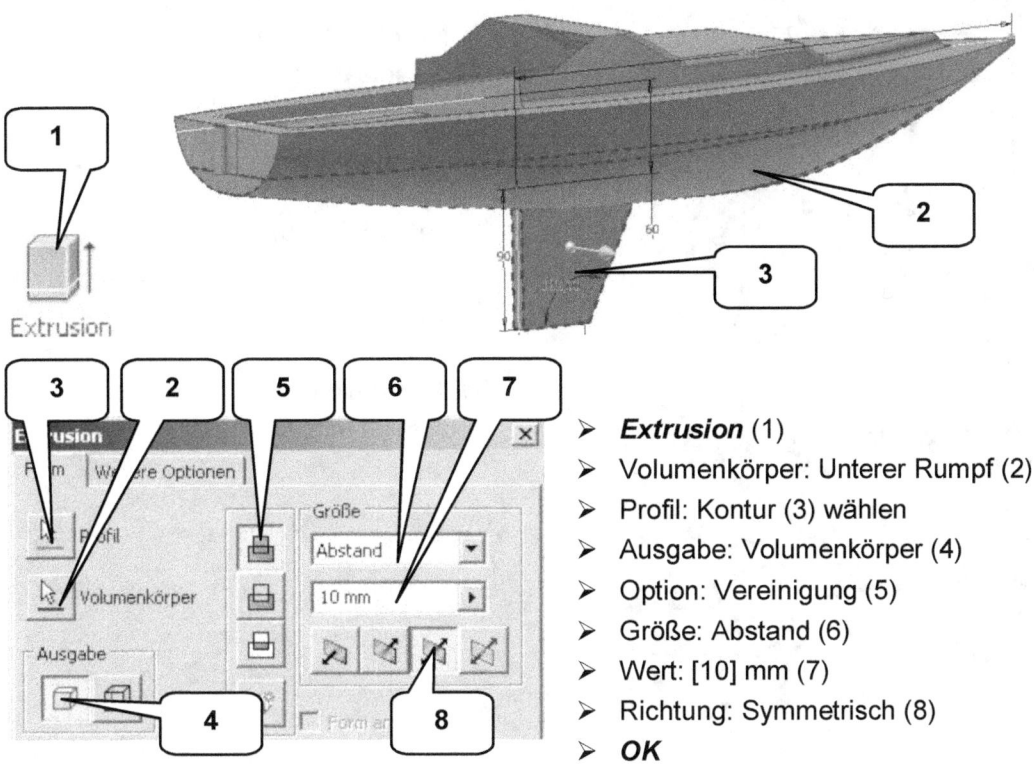

- **Extrusion** (1)
- Volumenkörper: Unterer Rumpf (2)
- Profil: Kontur (3) wählen
- Ausgabe: Volumenkörper (4)
- Option: Vereinigung (5)
- Größe: Abstand (6)
- Wert: [10] mm (7)
- Richtung: Symmetrisch (8)
- **OK**

6.16 Schwert abrunden

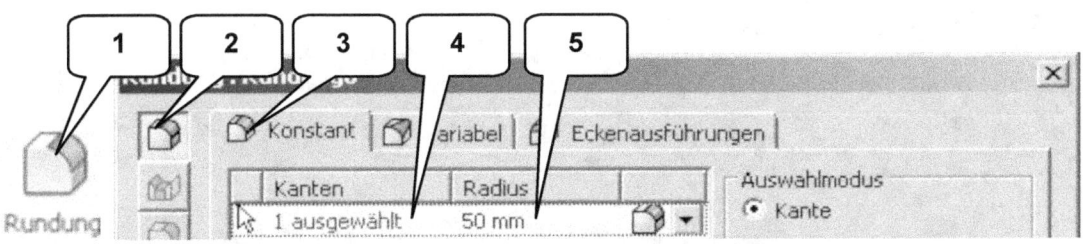

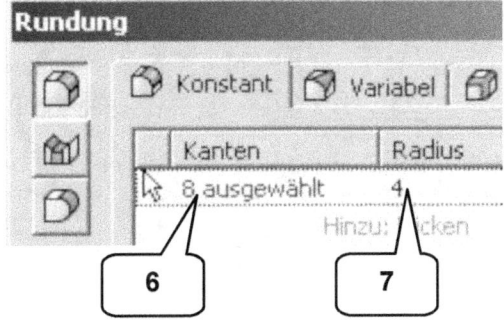
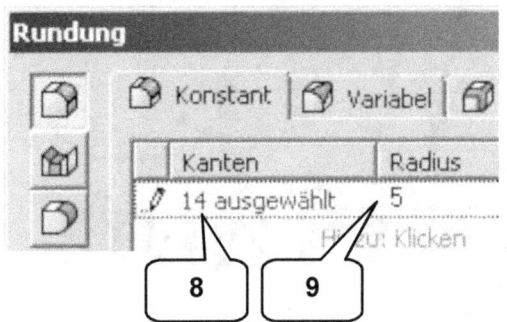

Aufbauten (Segelboot)

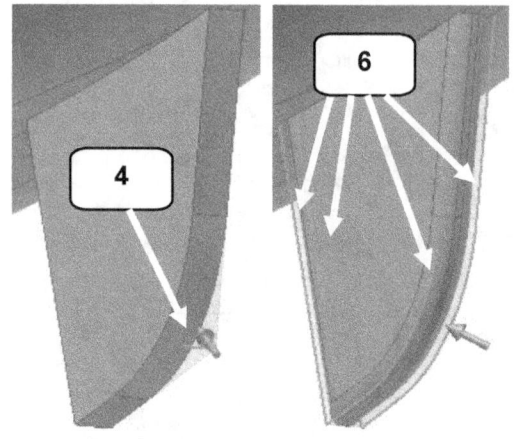

- **Rundung** (1)
- Option: Kantenabrundung (2)
- Reiter: Konstant (3)
- Eine Kante wählen (4)
- Radius: [50] mm (5)
- **Anwenden**

- Kanten wählen (6)
- Radius: [4] mm (7)
- **Anwenden**

- Kanten wählen (8)
- Radius: [5] mm (9)
- **OK**

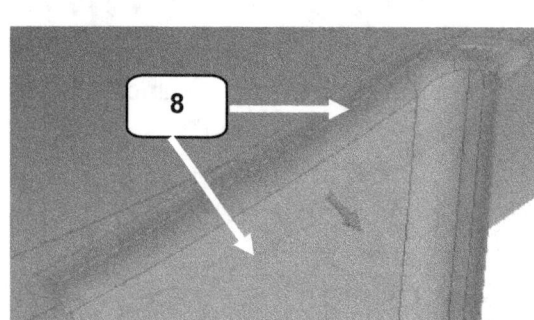

6.17 2D-Skizze für die Masthalterung zeichnen

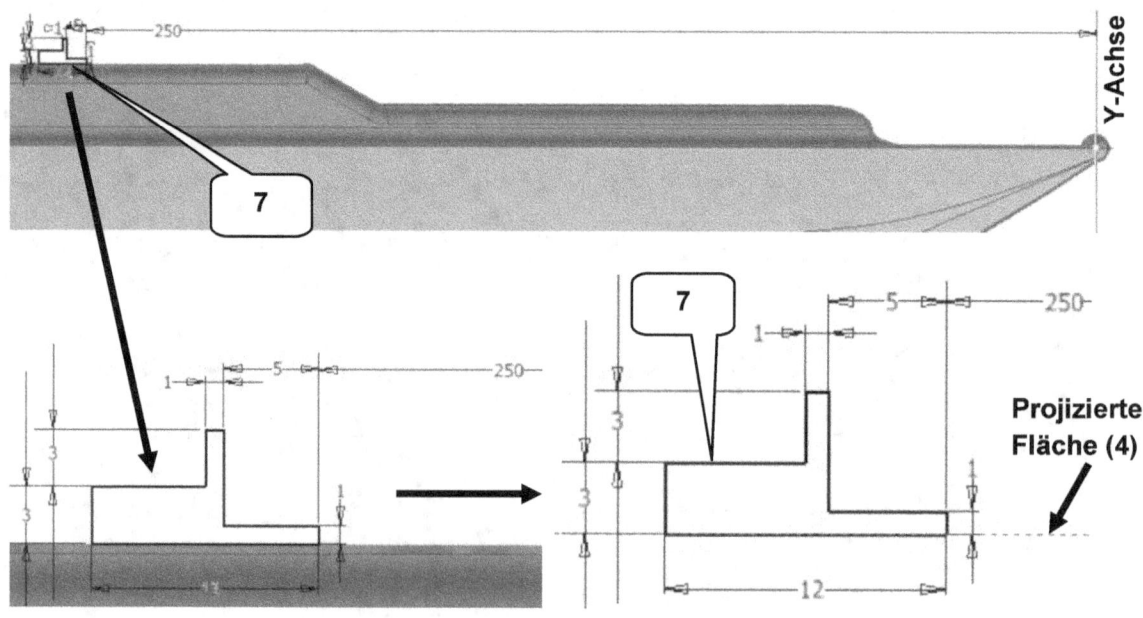

Aufbauten (Segelboot)

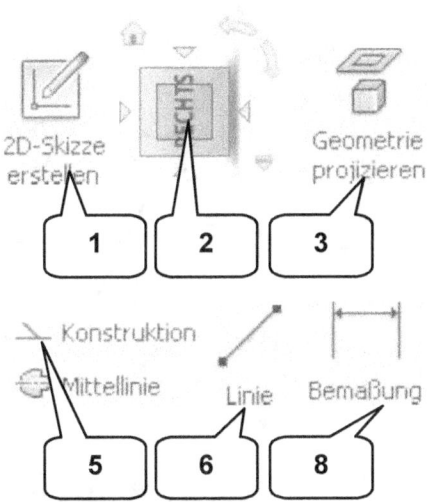

- **2D-Skizze erstellen** (1)
- YZ-Ebene wählen (Modellbaum)

- **ViewCube-Ansicht: RECHTS** (90° gegen UZS drehen) (2)

- Taste „F7" (Skizze aufschneiden)

- **Geometrie projizieren** (3)
- X-, Y-, Z-Achse wählen (Modellbaum)
- Fläche (4) wählen
- Taste: ESC
- Fenster über projizierte Linien ziehen

- **Konstruktion** (5)
- Taste: ESC

- **Linie** (6)
- Geschlossene Linienkontur zeichnen (7)
- (Die untere Linie der Kontur muss kollinear auf der Linie der projizierten Fläche (4) liegen)

- **Bemaßung** (8)
- Kontur bemaßen wie dargestellt

- **Skizze fertig stellen**

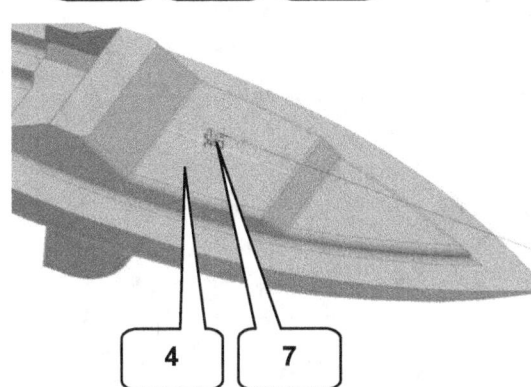

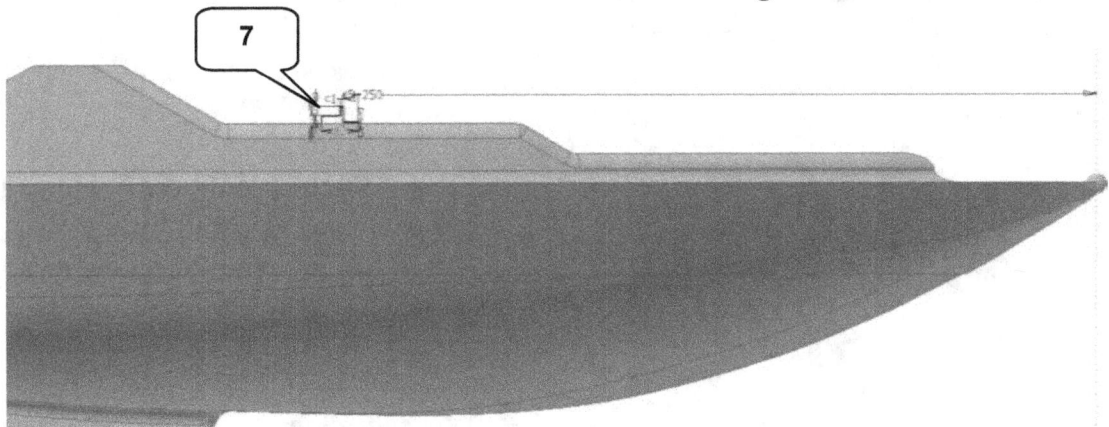

Aufbauten (Segelboot)

6.18 Masthalterung als Drehobjekt erzeugen

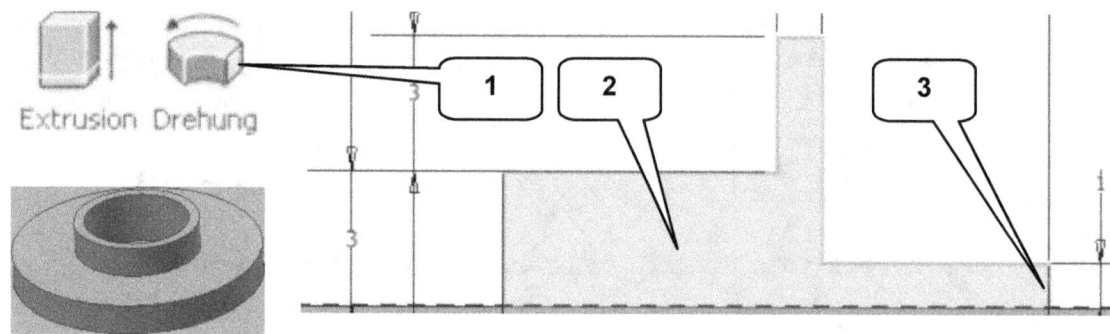

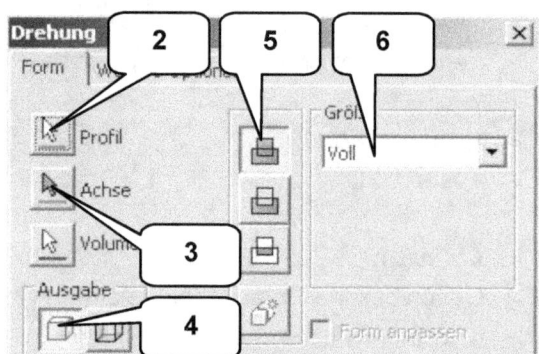

- **Drehung** (1)
- Profil: Kontur (2) wählen
- Achse: Rechte Linie der Kontur (3)
- Ausgabe: Volumenkörper (4)
- Verfahren: Vereinigung (5)
- Größe: Voll (6)
- **OK**

6.19 Farben zuweisen, Datei speichern und schließen

- „Rumpf_Segelboot" im Modellbaum markieren (1)
- Farbe „Roteiche - Natur" zuweisen (2)
- Taste: ESC

- Weitere Flächen markieren und mit eigenen Farben versehen
- Sichtbarkeit der noch sichtbaren Ebenen entfernen

- **Speichern**
- **Datei schließen**

7 Ruder und Pinne

Agenda

- Bauteildatei „Ruder" erstellen
- Basisskizze des Ruders zeichnen
- Ruder extrudieren
- Pinne als Quader erzeugen
- Fasen des Ruderblattes
- Pinne abrunden
- Pinne mit Gewinde versehen
- Ruderblatt abrunden
- Farben zuweisen, Datei speichern und schließen

7.1 Bauteil „Ruder" erstellen

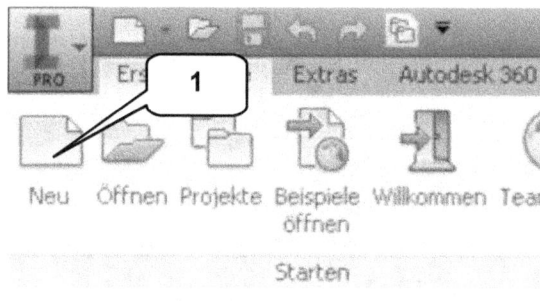

- **Neu** (1)
- Templates (2)
- Bauteil: Norm.ipt (3)
- **Erstellen** (4)

- **Speichern** (5)
- Dateiname: [Ruder] (6)
- **Speichern** (7)

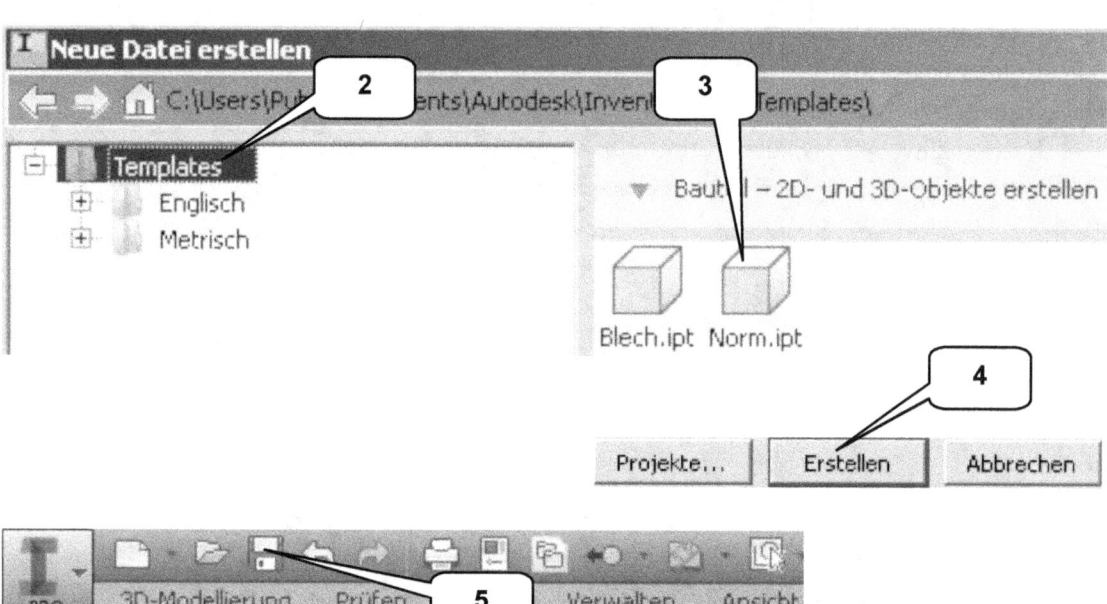

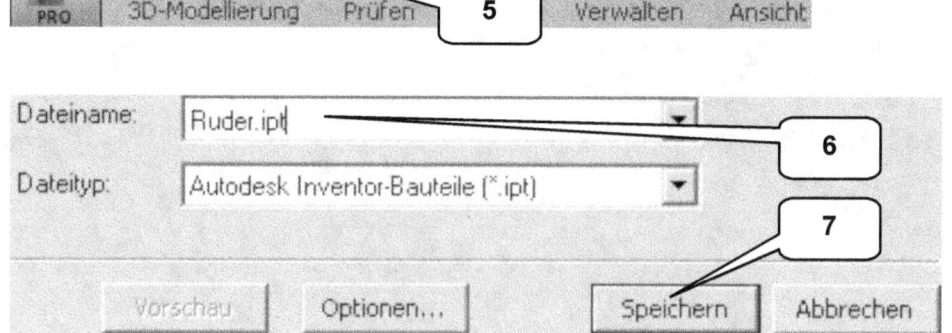

Ruder und Pinne

7.2 Basisskizze des Ruders zeichnen

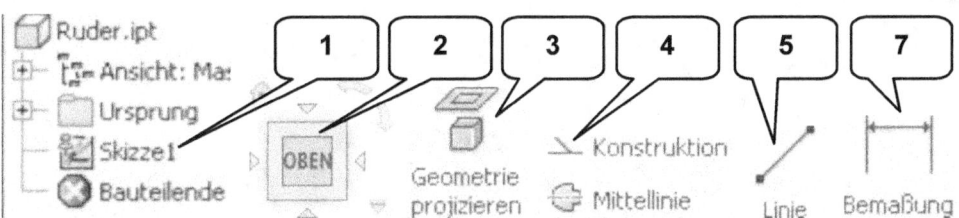

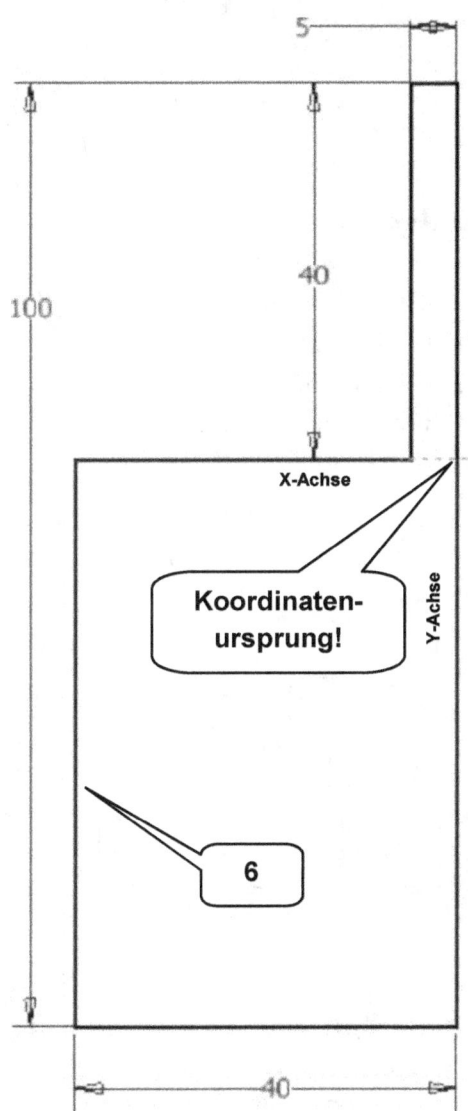

> „Skizze1" per Doppelklick öffnen (1)

> **ViewCube-Ansicht: OBEN** (2)

> **Geometrie projizieren** (3)
> Ordner Ursprung im Modellbaum aufklappen
> X-, Y-, Z-Achse wählen
> Taste: ESC
> Fenster über projizierte Achsen ziehen

> **Konstruktion** (4)
> Taste: ESC

> **Linie** (5)
> Kontur (6) zeichnen
> Taste: ESC

> **Bemaßung** (7)
> Kontur bemaßen wie dargestellt

> **Skizze fertig stellen**

7.3 Ruder extrudieren

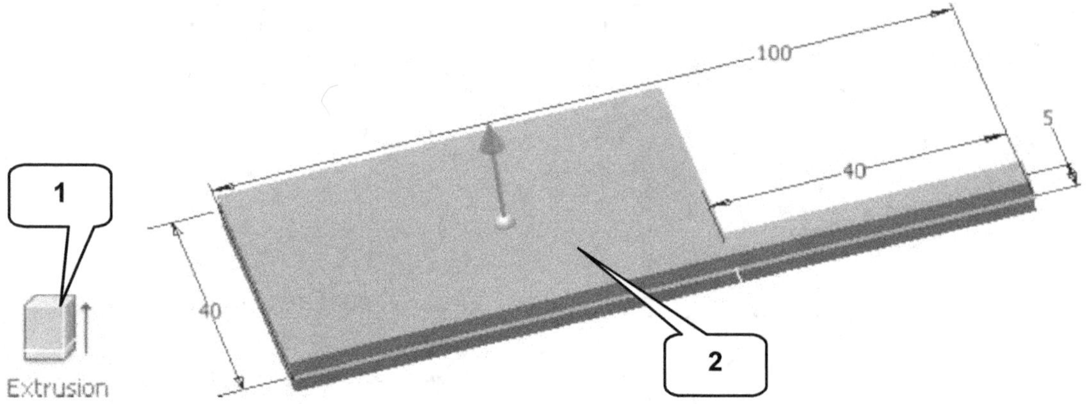

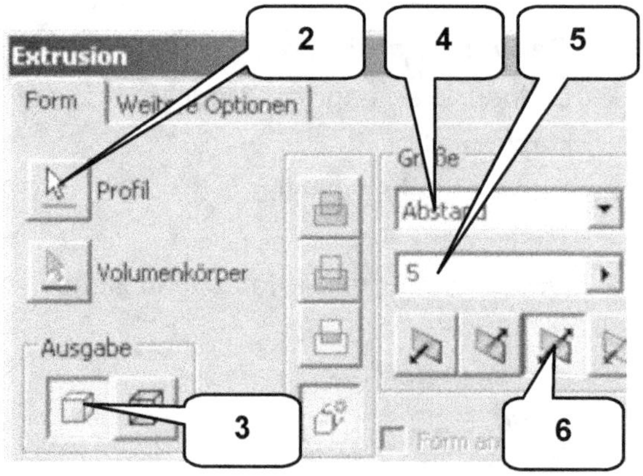

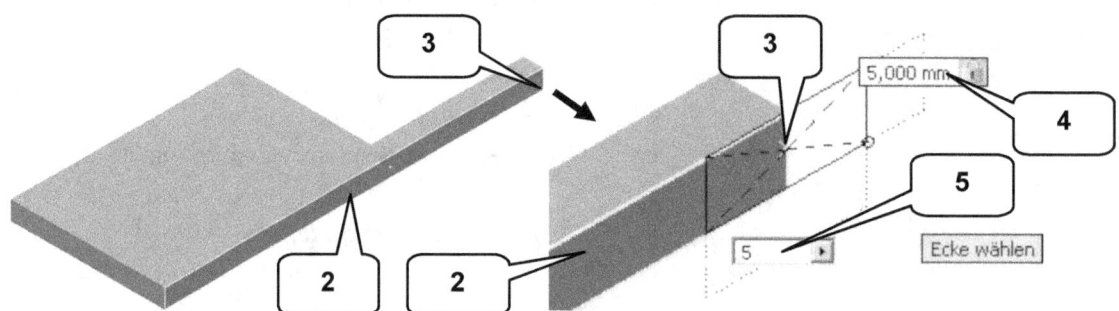

- **Extrusion** (1)
- Profil: Kontur (2) wählen
- Ausgabe: Volumenkörper (3)
- Größe: Abstand (4)
- Wert: [5] mm (5)
- Richtung: Symmetrisch (6)
- **OK**

7.4 Pinne als Quader erzeugen

- **Quader** (1)
- Fläche (2) wählen
- Mittelpunkt (Quader) auf Linienmittelpunkt der projizierten Linie setzen (3)

- Taste: TAB
- Breite: [5] mm (4)
- Taste: TAB
- Höhe: [5] mm (5)
- Taste: ENTER

Ruder und Pinne

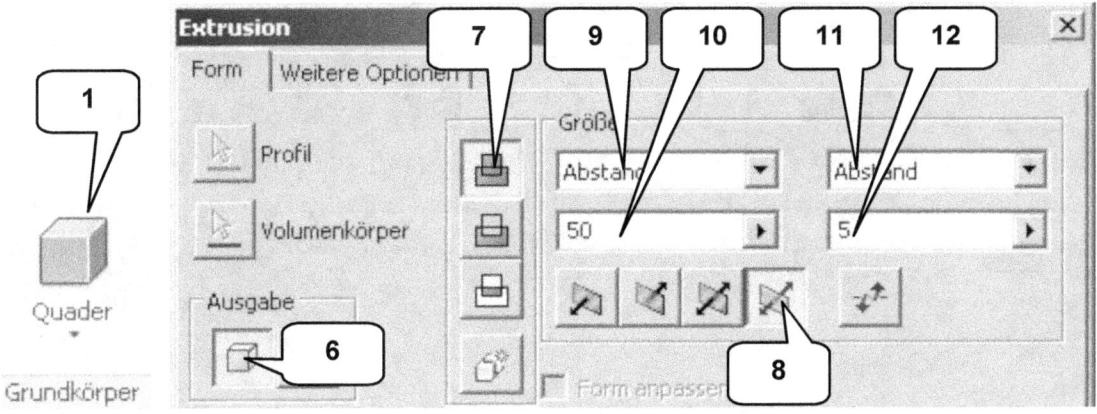

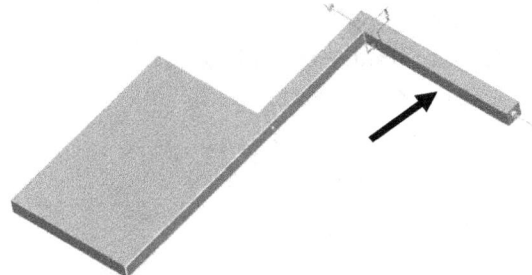

- Ausgabe: Volumenkörper (6)
- Verfahren: Vereinigung (7)
- Option: Asymmetrisch (8)
- Größe 1: Abstand (9)
- Wert 1: [50] mm (10)
- Größe 2: Abstand (11)
- Wert 2: [5] mm (12)
- **OK**

7.5 Ruderblatt fasen

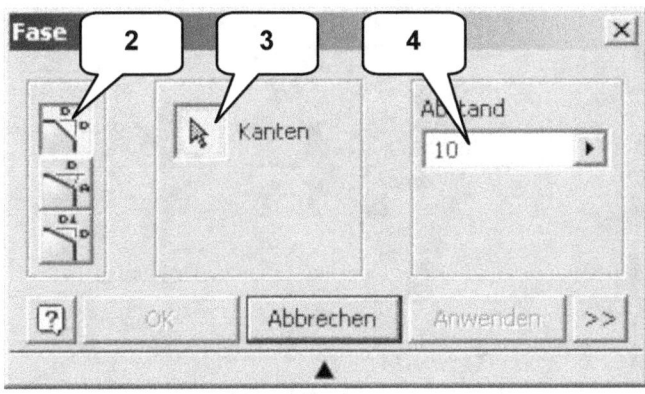

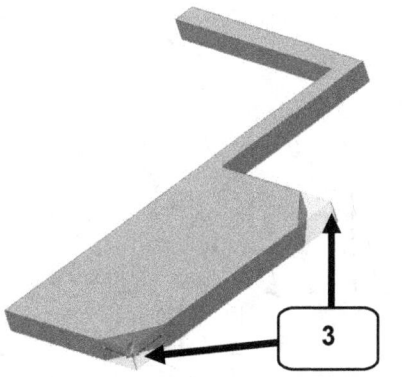

- **Fasen** (1)
- Option: Abstand (2)
- Kanten: Kanten (3) wählen
- Abstand: [10] mm (4)
- **OK**

7.6 Pinne abrunden

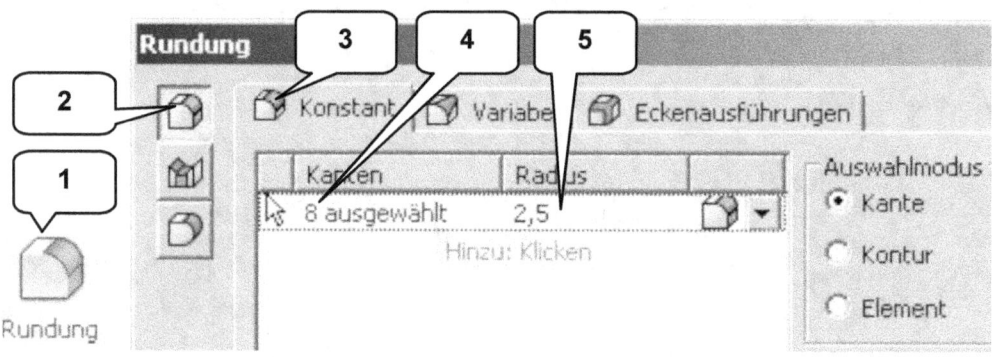

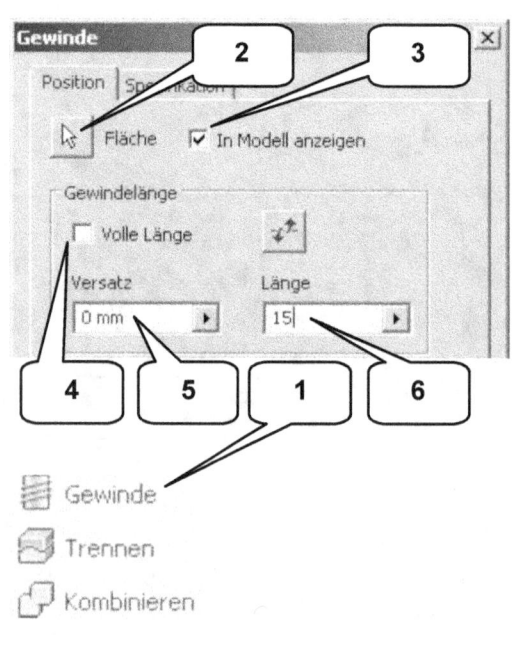

- ➢ **Rundung** (1)
- ➢ Option: Kantenabrundung (2)
- ➢ Reiter: Konstant (3)
- ➢ 8 Kanten wählen (4)
- ➢ Radius: [2,5] mm (5)
- ➢ **OK**

7.7 Pinne mit Gewinde versehen

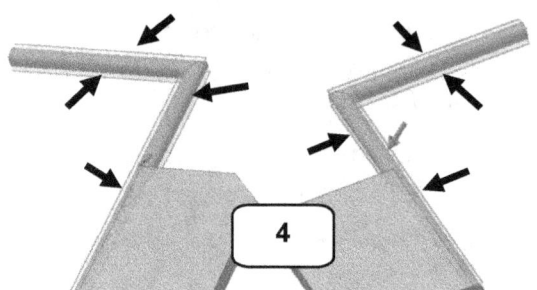

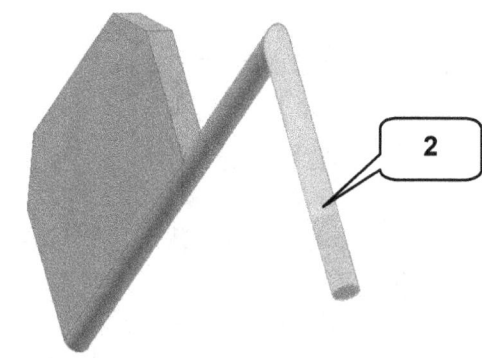

- ➢ **Gewinde** (1)
- ➢ Fläche: Fläche (2) wählen
- ➢ Aktivieren: In Modell anzeigen (3)
- ➢ Deaktivieren: Volle Länge (4)
- ➢ Versatz: [0] mm (5)
- ➢ Länge: [15] mm (6)
- ➢ **OK**

7.8 Ruderblatt abrunden

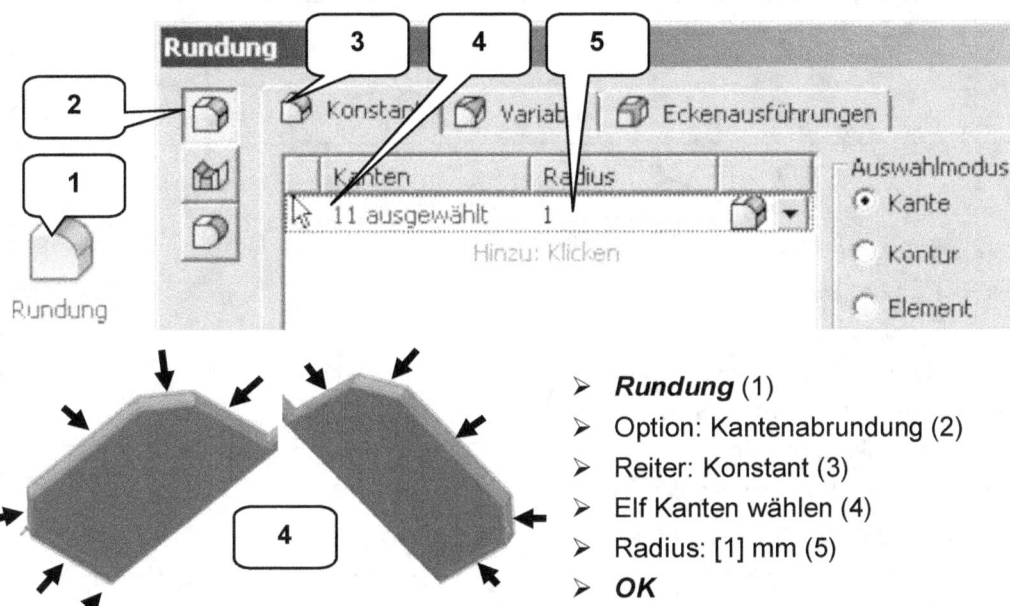

- **Rundung** (1)
- Option: Kantenabrundung (2)
- Reiter: Konstant (3)
- Elf Kanten wählen (4)
- Radius: [1] mm (5)
- **OK**

7.9 Farben zuweisen, Datei speichern und schließen

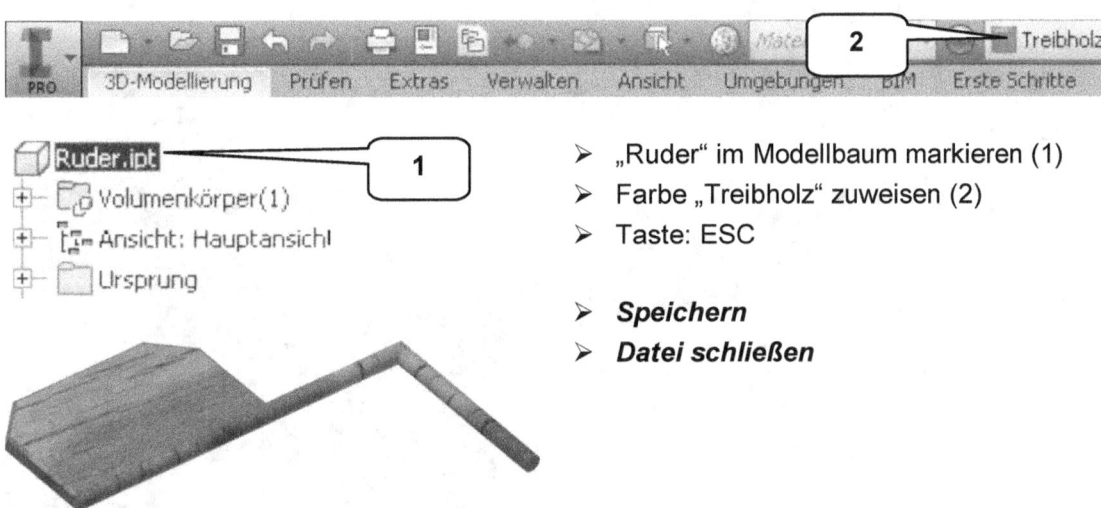

- „Ruder" im Modellbaum markieren (1)
- Farbe „Treibholz" zuweisen (2)
- Taste: ESC

- **Speichern**
- **Datei schließen**

8 Schiffsschraube

Agenda

- Bauteil „Schiffsschraube" erstellen
- Ebenen mit Versatz erzeugen
- Erste 2D-Skizze zeichnen
- Zweite 2D-Skizze zeichnen
- Dritte 2D-Skizze zeichnen
- Den ersten Flügel der Schiffsschraube erheben
- Flügel kopieren und polar anordnen
- Zentralen Kugelkopf erzeugen
- Antriebswelle durch Zylinder erzeugen
- Farben zuweisen, Datei speichern und schließen

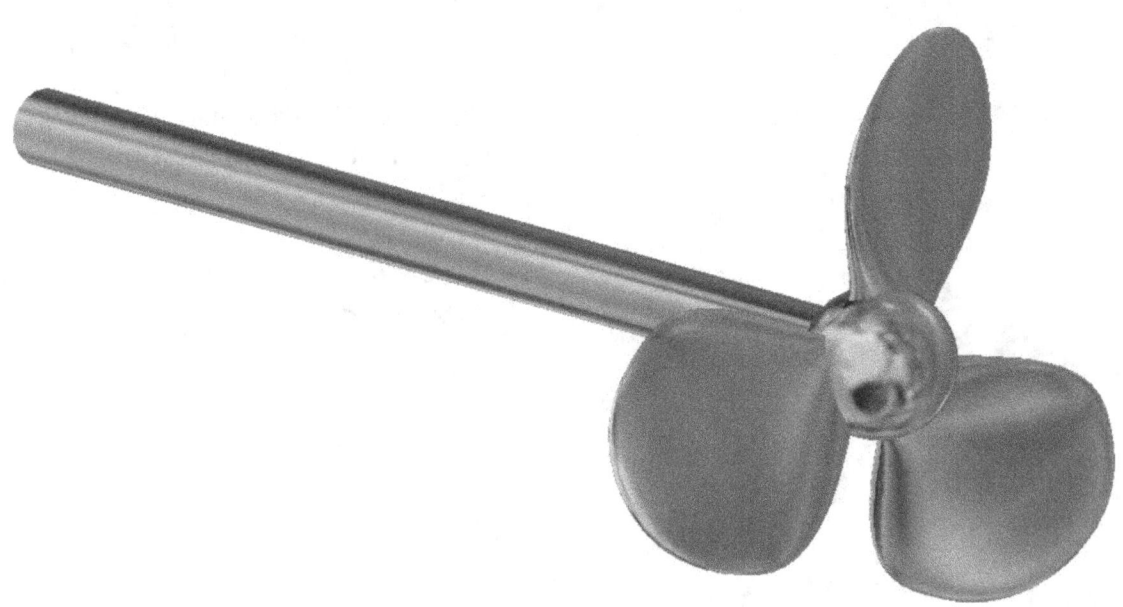

8.1 Bauteil „Schiffsschraube" erstellen

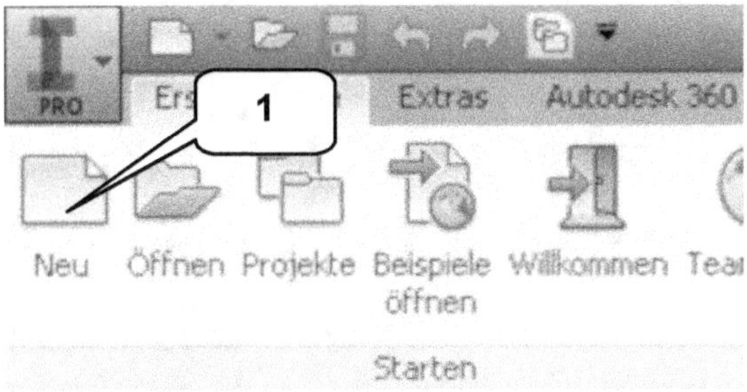

- **Neu** (1)
- Templates (2)
- Bauteil: Norm.ipt (3)
- **Erstellen** (4)

- **Speichern** (5)
- Dateiname: [Schiffsschraube] (6)
- **Speichern** (7)

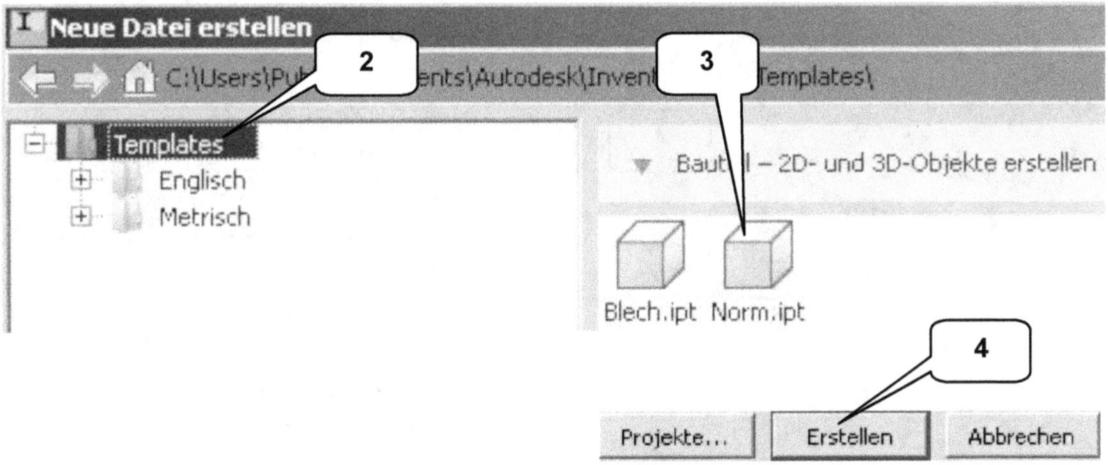

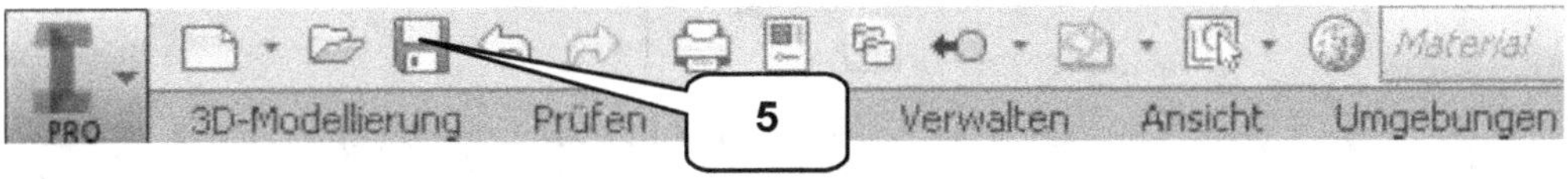

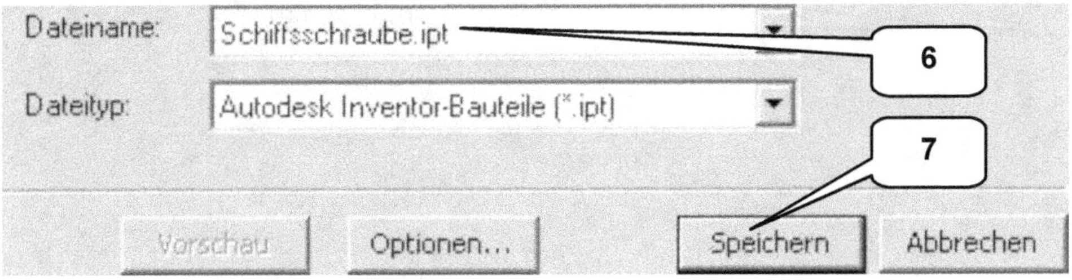

8.2 Ebenen mit Versatz erzeugen

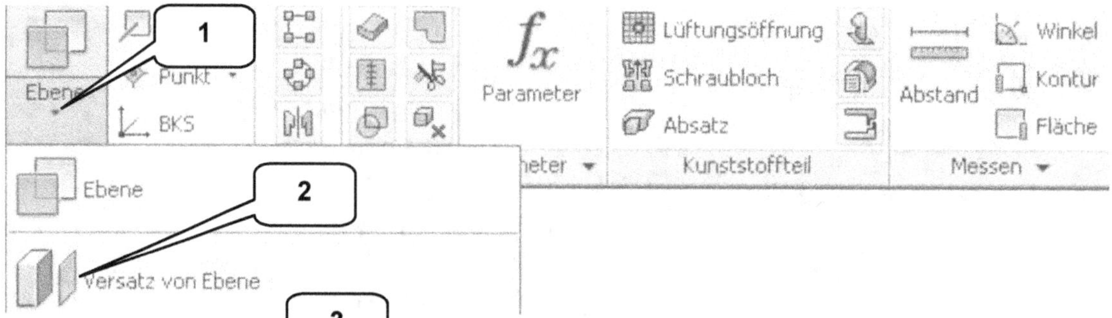

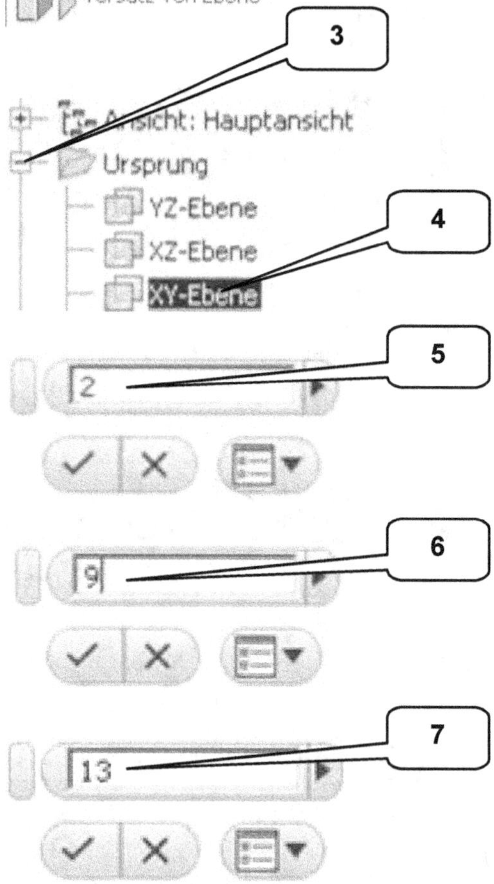

- Befehlsgruppe „Ebenen" erweitern (1)
- **Versatz von Ebene** (2)
- Ordner „Ursprung" im Modellbaum aufklappen (3)
- XY-Ebene wählen (4)
- Versatzwert: [2] mm (5)
- **OK**

- **Versatz von Ebene** (2)
- XY-Ebene wählen (4)
- Versatzwert: [9] mm (6)
- **OK**

- **Versatz von Ebene** (2)
- XY-Ebene wählen (4)
- Versatzwert: [13] mm (7)
- **OK**

Alle Ebenen sind, ausgehend von der XY-Ebene, in dieselbe Richtung zu erzeugen.

8.3 Erste 2D-Skizze zeichnen

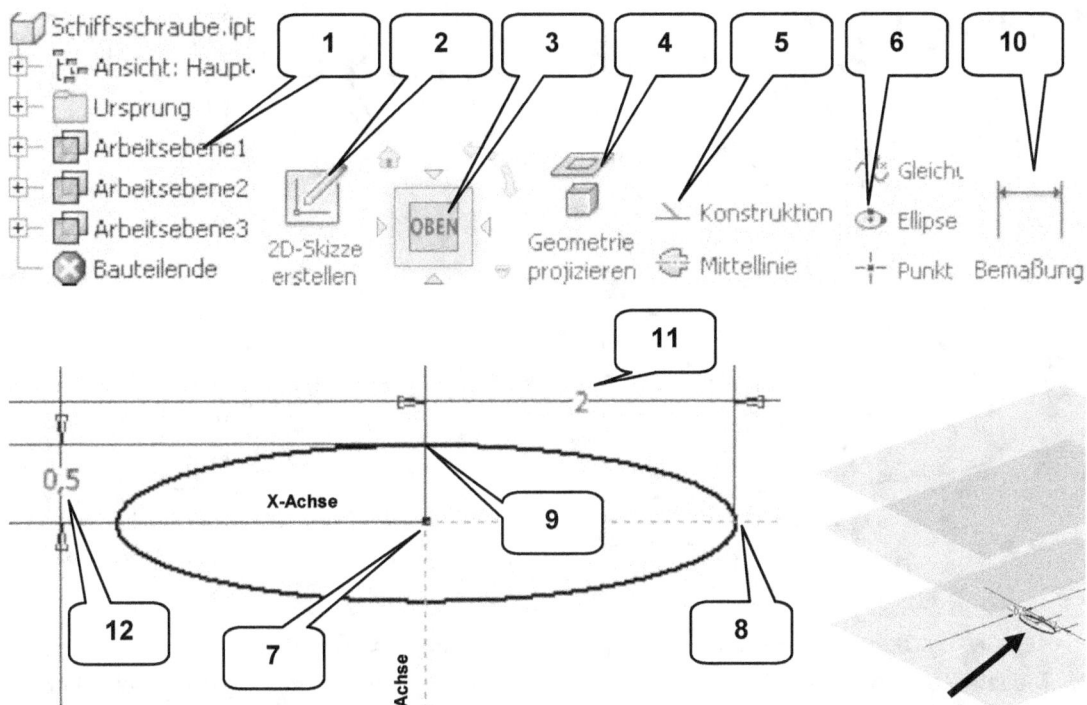

- 1. Arbeitsebene markieren (1)

- **2D-Skizze erstellen** (2)

- **ViewCube-Ansicht: OBEN** (3)

- **Geometrie projizieren** (4)
- X-, Y-, Z-Achse wählen
- Taste: ESC
- Fenster über projizierte Achsen ziehen

- **Konstruktion** (5)
- Taste: ESC

- **Ellipse** (6)

- 1. Punkt im Koordinatenursprung ablegen (7)
- 2. Punkt auf der X-Achse ablegen (8)
- 3. Punkt auf der Y-Achse ablegen (9)
- Taste: ESC

- **Bemaßung** (10)
- Ellipse wählen
- 1. Maß oberhalb der Ellipse ablegen
- Wert: [2] mm (11)
- Ellipse markieren
- 2. Maß links neben der Ellipse ablegen
- Wert: [0,5] mm (12)

- **Skizze fertig stellen**

8.4 Zweite 2D-Skizze zeichnen

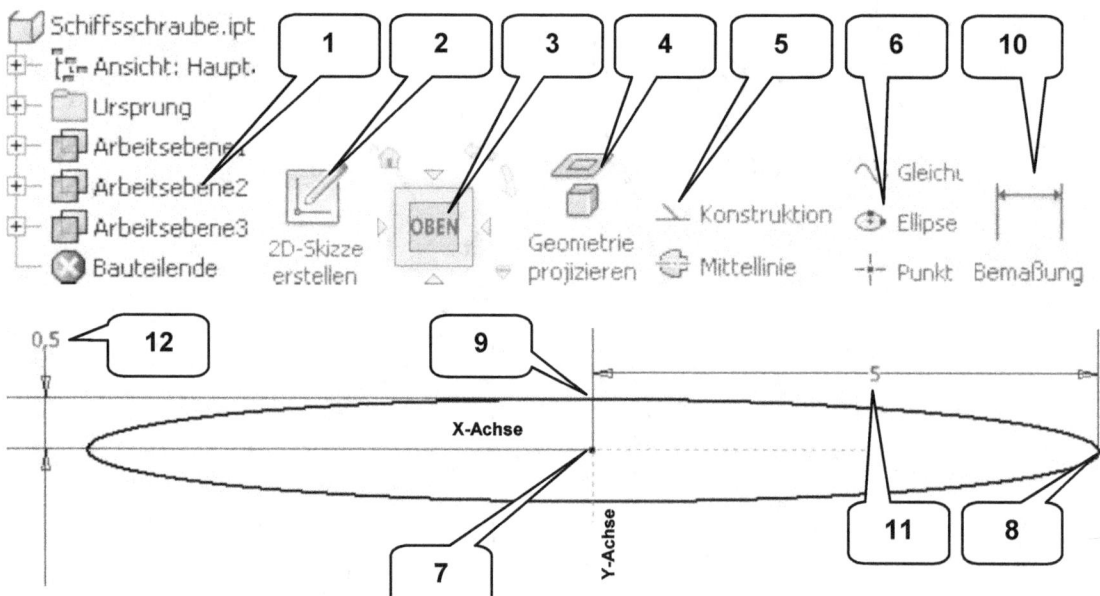

- Letzte Skizze ausblenden (rechte Maustaste > Sichtbarkeit deaktiv.)
- 2. Arbeitsebene markieren (1)

- *2D-Skizze erstellen* (2)

- *ViewCube-Ansicht: OBEN* (3)

- *Geometrie projizieren* (4)
- X-, Y-, Z-Achse wählen
- Taste: ESC
- Fenster über projizierte Achsen ziehen

- *Konstruktion* (5)
- Taste: ESC

- *Ellipse* (6)
- 1. Punkt im Koordinatenursprung ablegen (7)
- 2. Punkt auf der X-Achse ablegen (8)
- 3. Punkt auf der Y-Achse ablegen (9)
- Taste: ESC

- *Bemaßung* (10)
- Ellipse markieren
- 1. Maß oberhalb der Ellipse ablegen
- Wert: [5] mm (11)
- Ellipse markieren
- 2. Maß links neben der Ellipse ablegen
- Wert: [0,5] mm (12)

Schiffsschraube

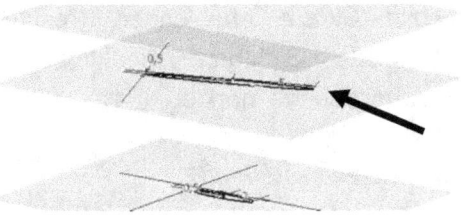

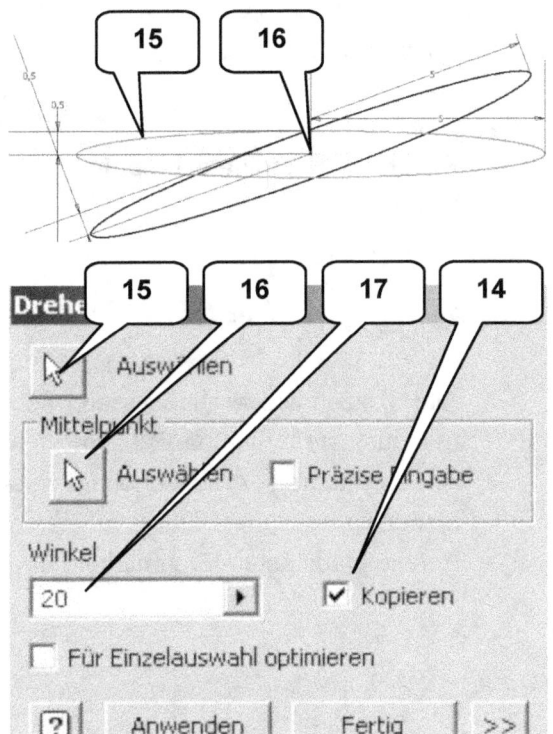

- **Drehen** (13)
- Aktivieren: Kopieren (14)
- Auswählen: Ellipse markieren (15)
- Mittelpunkt: Koordinatenursprung/ Ellipsenmittelpunkt wählen (16)
- Winkel: [20] Grad (17)
- **Anwenden**
- **Fertig**

- Die 1. Ellipse markieren (15)
- Taste: ENTF (löschen)

- **Skizze fertig stellen**

8.5 Dritte 2D-Skizze zeichnen

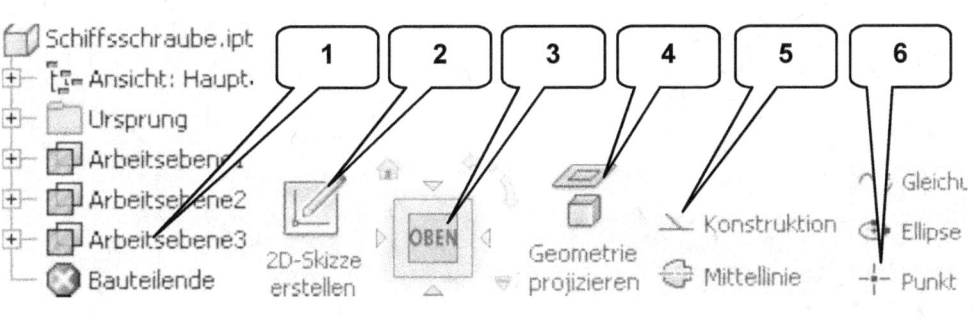

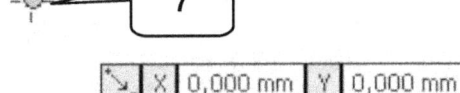

Schiffsschraube

- Letzte Skizze ausblenden (rechte Maustaste > Sichtbarkeit deaktiv.)
- 3. Arbeitsebene markieren (1)

- **2D-Skizze erstellen** (2)

- **ViewCube-Ansicht: OBEN** (3)

- **Geometrie projizieren** (4)
- X-, Y-, Z-Achse wählen
- Taste: ESC
- Fenster über projizierte Achsen ziehen

- **Konstruktion** (5)

- Taste: ESC

- **Punkt** (6)
- Punkt im Koordinatenursprung ablegen (7)
- Taste: ESC

- **Skizze fertig stellen**

- Alle Skizzen wieder einblenden (rechte Maustaste > Sichtbarkeit aktiv.)
- Alle sichtbaren Arbeitsebenen ausblenden
- (rechte Maustaste > Sichtbarkeit)

8.6 Flügel der Schiffsschraube als Erhebung erzeugen

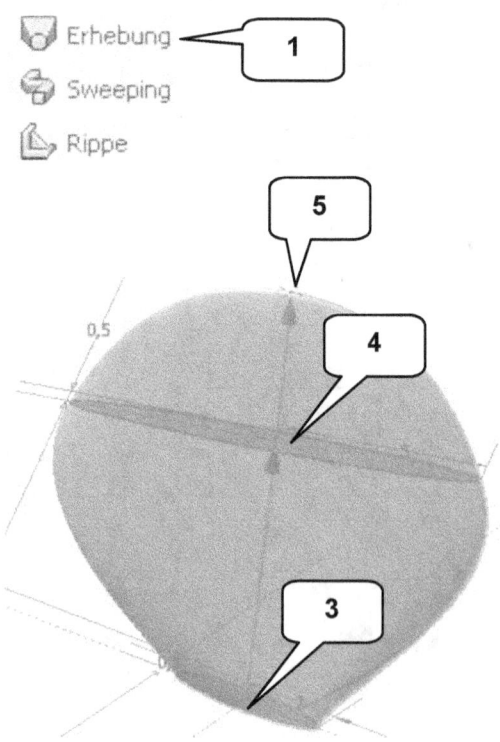

- **Erhebung** (1)
- Reiter: Kurven
- Option: Volumenkörper (2)
- Schnitte: 1. Ellipse, 2. Ellipse und Punkt nacheinander wählen (3, 4, 5)
- Reiter: Bedingungen
- „Bedingung" (2. Zeile) auf „Tangente" ändern (4)
- „Gewicht" (2. Zeile) auf den Wert [4,5] ändern (5)
- **OK**

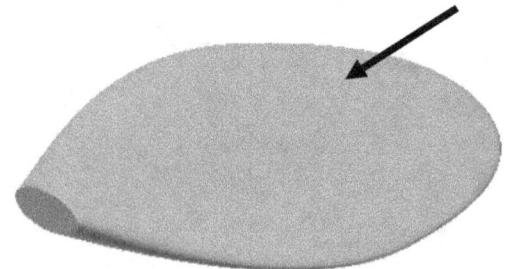

Schiffsschraube

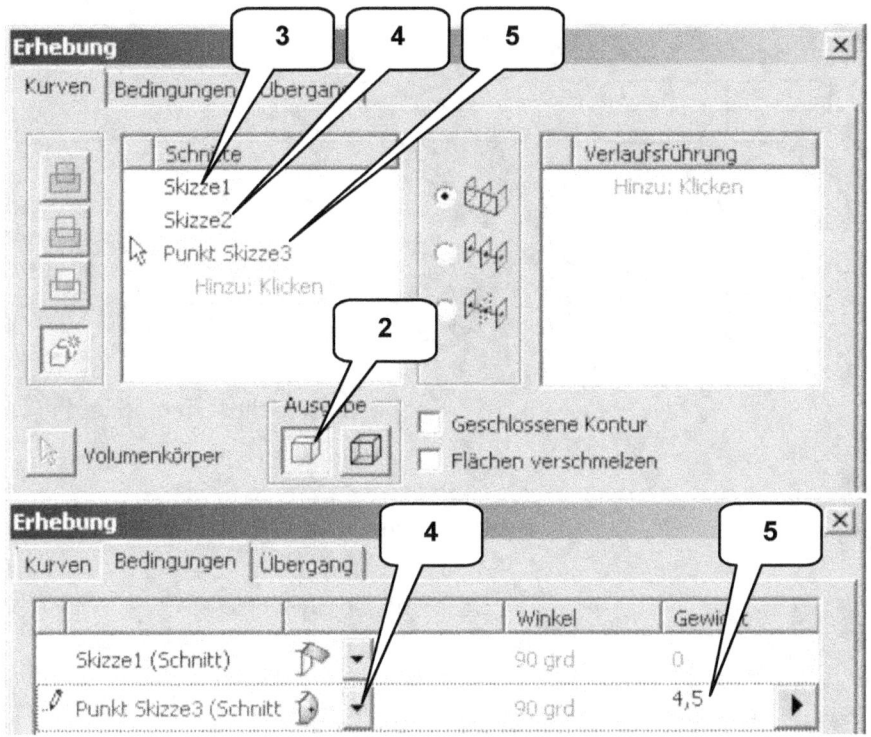

8.7 Flügel polar anordnen

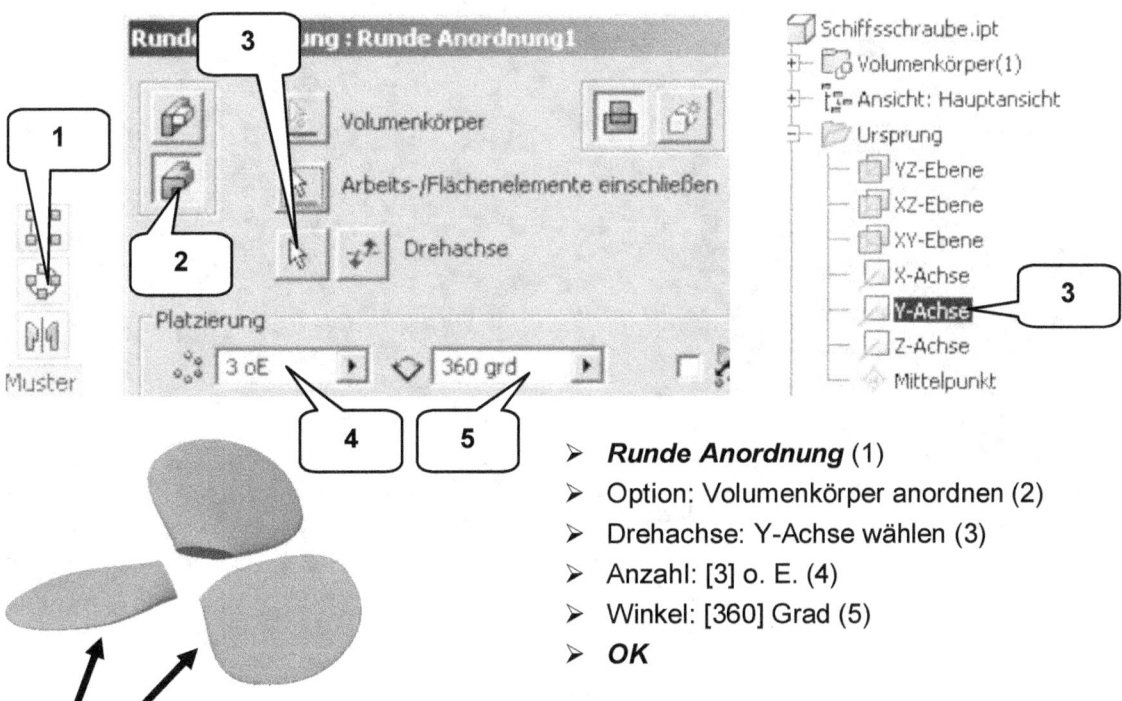

- **Runde Anordnung** (1)
- Option: Volumenkörper anordnen (2)
- Drehachse: Y-Achse wählen (3)
- Anzahl: [3] o. E. (4)
- Winkel: [360] Grad (5)
- **OK**

8.8 Zentralen Kugelkopf erzeugen

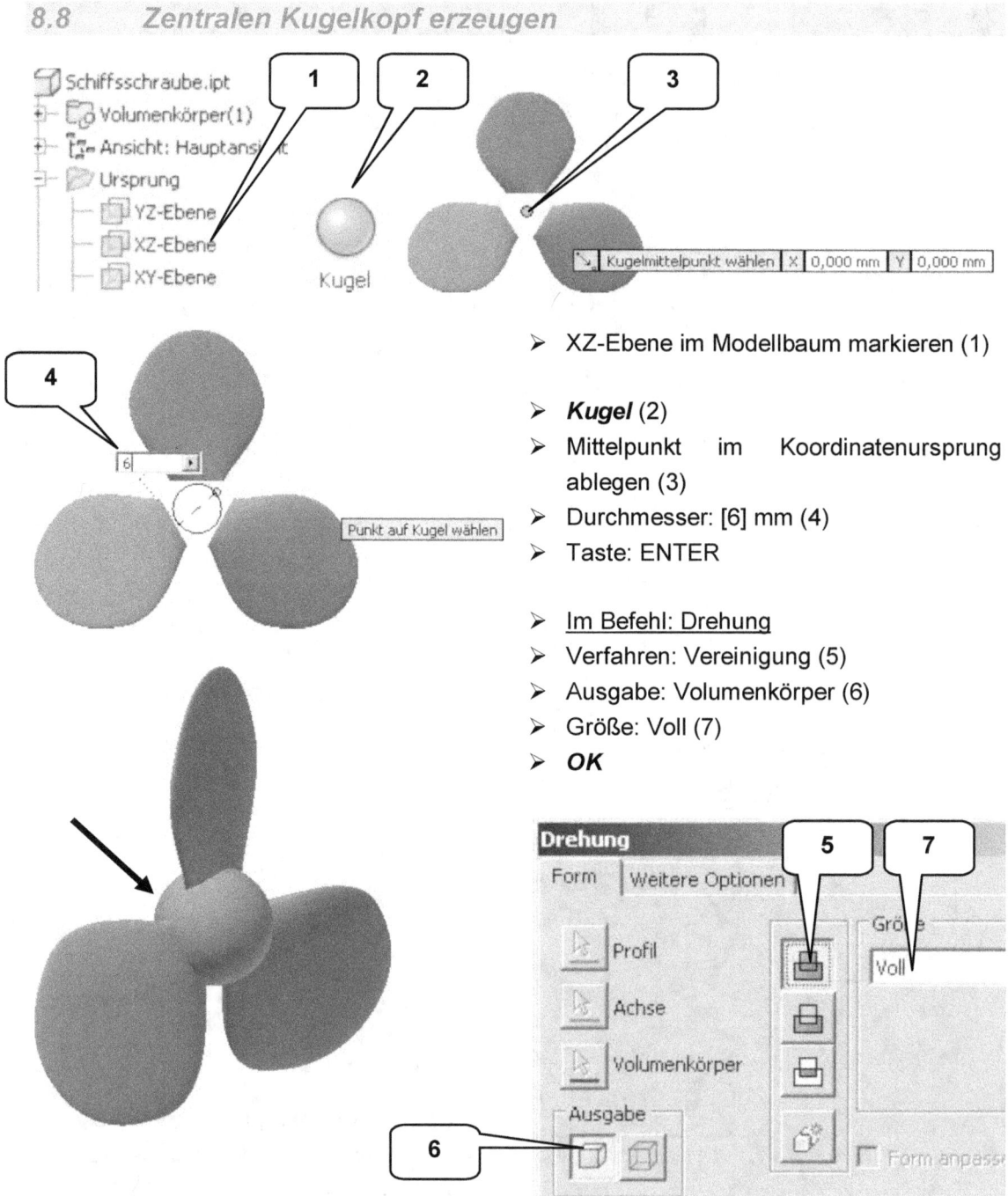

- XZ-Ebene im Modellbaum markieren (1)

- **Kugel** (2)
- Mittelpunkt im Koordinatenursprung ablegen (3)
- Durchmesser: [6] mm (4)
- Taste: ENTER

- Im Befehl: Drehung
- Verfahren: Vereinigung (5)
- Ausgabe: Volumenkörper (6)
- Größe: Voll (7)
- **OK**

8.9 Antriebswelle mittels Zylinder erzeugen

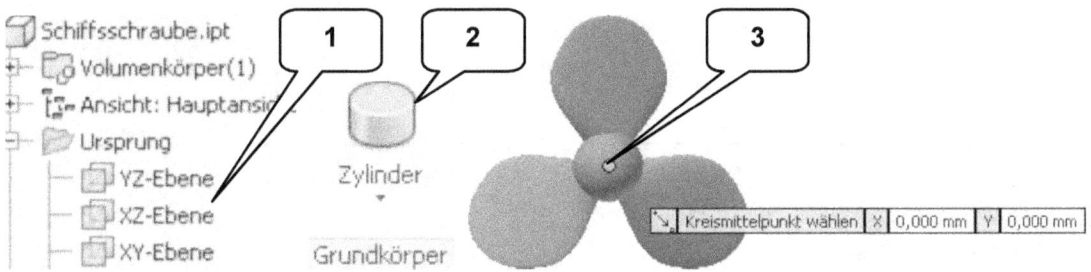

- XZ-Ebene im Modellbaum markieren (1)

- ***Zylinder*** (2)
- Mittelpunkt im Koordinatenursprung ablegen (3)
- Durchmesser: [3] mm (4)
- Taste: ENTER

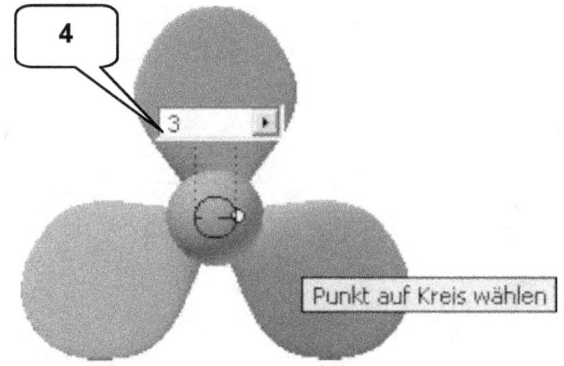

- Im Befehl: Extrusion
- Ausgabe: Volumenkörper (5)
- Verfahren: Vereinigung (6)
- Größe: Abstand (7)
- Wert: [50] mm (8)
- Richtung: 2 (9)
- ***OK***

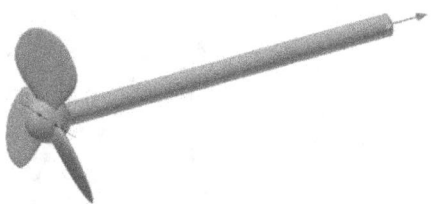

8.10 Farben zuweisen, Datei speichern und schließen

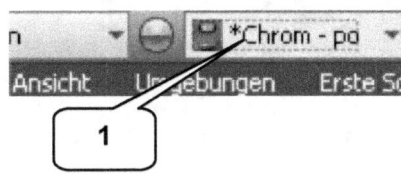

- „Schiffsschraube" im Modellbaum markieren
- Farbe „Chrom - poliert - blau" (1)

- Datei ***speichern*** und ***schließen***

9 Mast, Baum und Segel

Agenda

- ➢ Bauteil „Mast_Baum_Segel" erstellen
- ➢ 2D-Skizze des Masts zeichnen
- ➢ Mast extrudieren
- ➢ 2D-Skizze des Baums zeichnen
- ➢ Baum extrudieren
- ➢ 2D-Skizze des Segels zeichnen
- ➢ Segel als Umgrenzungsfläche erzeugen
- ➢ Farben zuweisen, Datei speichern und schließen

9.1 Bauteil „Mast_Baum_Segel" erstellen

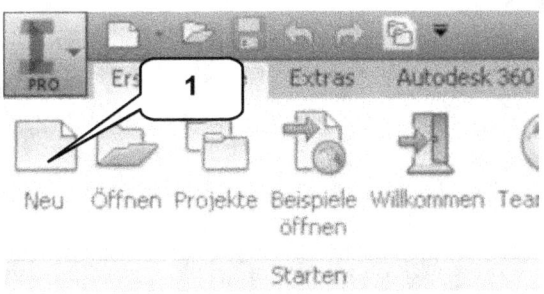

- ➢ **Neu** (1)
- ➢ Templates (2)
- ➢ Bauteil: Norm.ipt (3)
- ➢ **Erstellen** (4)

- ➢ **Speichern** (5)
- ➢ Dateiname: [Mast_Baum_Segel] (6)
- ➢ **Speichern** (7)

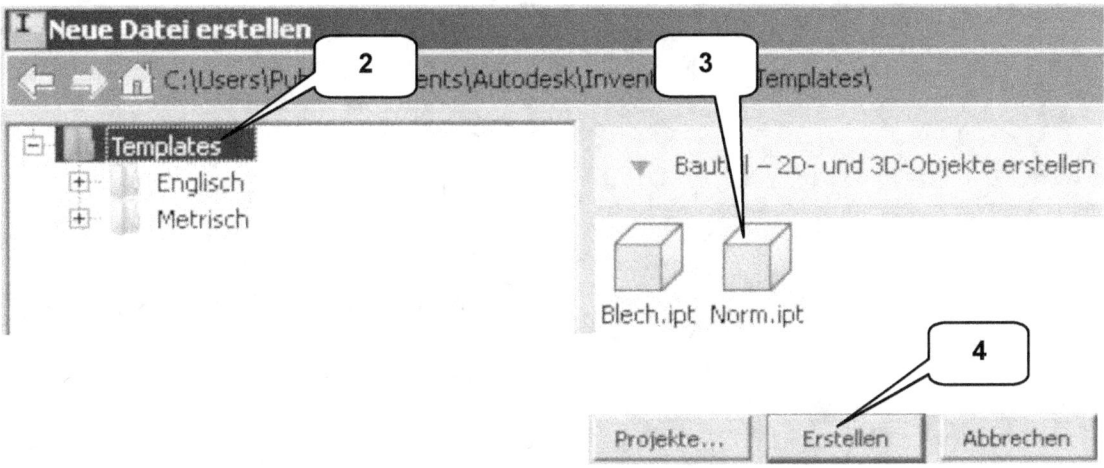

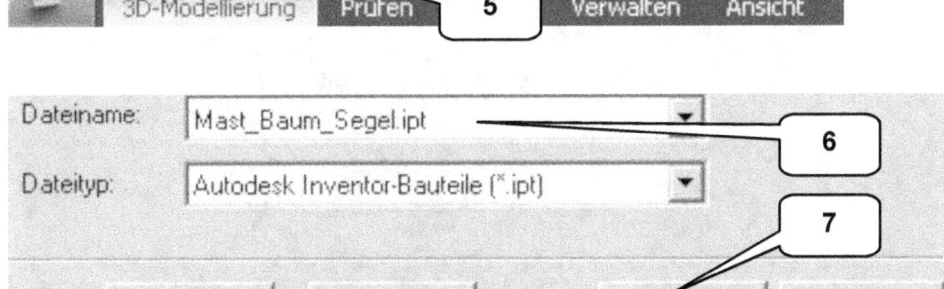

9.2 Basisskizze des Masts zeichnen

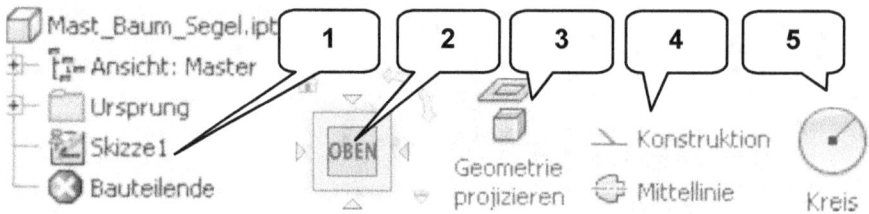

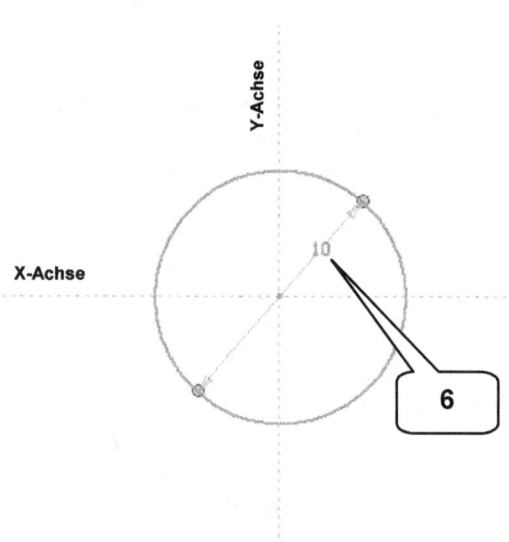

- Im Modellbaum auf „Skizze1" doppelklicken (1)

- **ViewCube-Ansicht: OBEN** (2)

- **Geometrie projizieren** (3)
- Ordner „Ursprung" im Modellbaum aufklappen
- X-, Y-, Z-Achse wählen
- Taste: ESC
- Fenster über projizierte Achsen ziehen

- **Konstruktion** (4)
- Taste: ESC

- **Kreis durch Mittelpunkt** (5)
- Kreismittelpunkt im Koordinatenursprung ablegen
- Durchmesser: [10] mm (6)
- Taste: ENTER
- Taste: ESC

- **Skizze fertig stellen**

9.3 Mast extrudieren

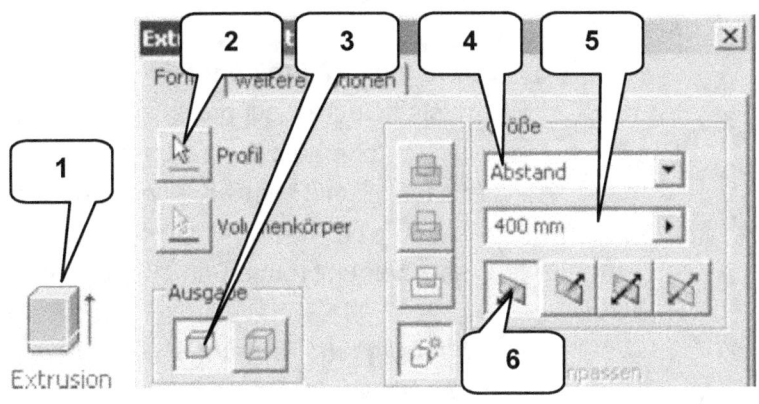
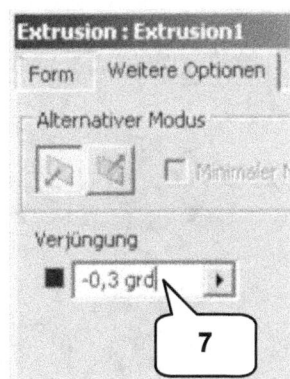

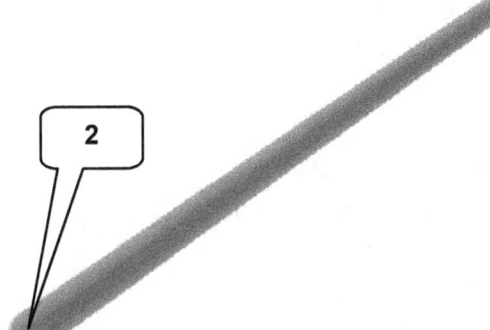

- **Extrusion** (1)
- Reiter: Form
- Profil: Kreis (2) wählen
- Ausgabe: Volumenkörper (3)
- Größe: Abstand (4)
- Wert: [400] mm (5)
- Richtung: 1 (6)
- Reiter: Weitere Optionen
- Verjüngung: [-0,3] Grad (7)
- **OK**

9.4 Basisskizze des Baums zeichnen

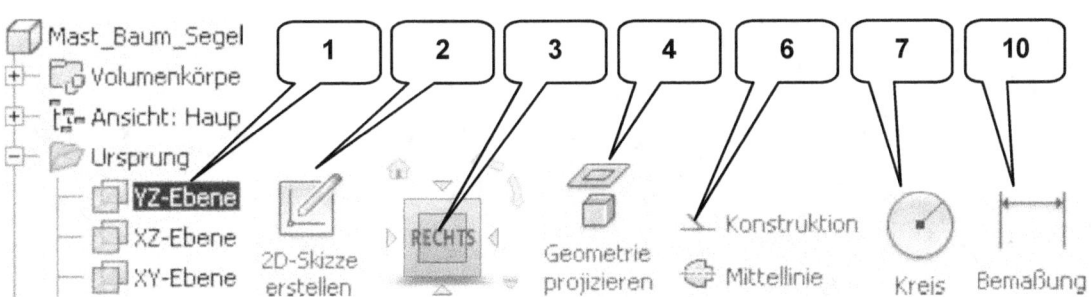

- YZ-Ebene markieren (1)

- **2D-Skizze erstellen** (2)
- **ViewCube-Ansicht: RECHTS** (3)
- Taste: F7 (Skizze schneiden)

- **Geometrie projizieren** (4)
- X-, Y-, Z-Achse wählen (Modellbaum)
- Außenkanten (5, 6) am Mast wählen
- Taste: ESC
- Fenster über alle Linien aufziehen

Mast, Baum und Segel

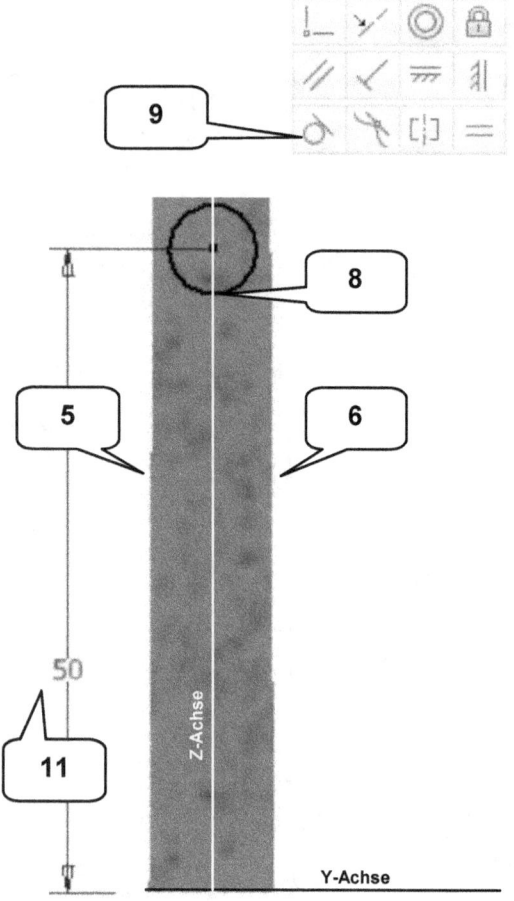

- **Konstruktion** (6)
- Taste: ESC

- **Kreis durch Mittelpunkt** (7)
- Kreismittelpunkt auf projizierter Z-Achse ablegen (oberhalb der Y-Achse)
- Zweiten Punkt des Kreises ablegen, sodass sich der Kreis innerhalb des Masts befindet (ohne Bemaßung!) (8)

- **Abhängigkeit: Tangential** (9)
- Kreis wählen (8)
- Projizierte Kante (5) wählen
- Kreis wählen (8)
- Projizierte Kante (6) wählen
- Taste: ESC

- **Bemaßung** (10)
- Kreismittelpunkt wählen
- Y-Achse wählen
- Maß ablegen
- Wert: [50] mm (11)
- Taste: ESC

- **Skizze fertig stellen**

9.5 Baum extrudieren

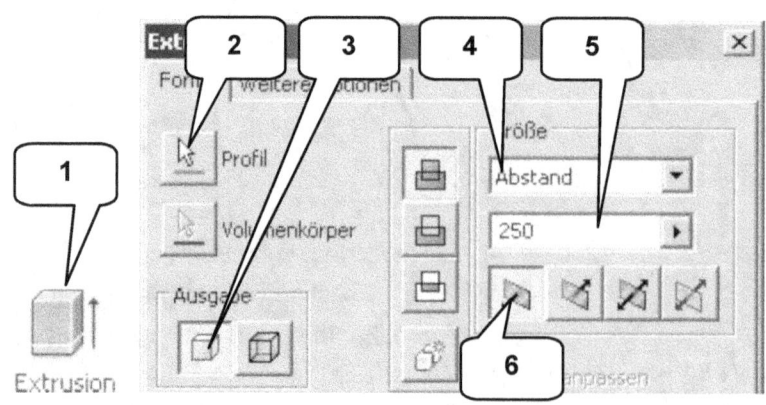
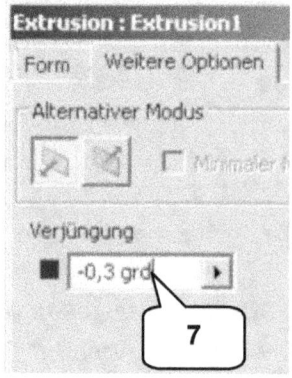

Mast, Baum und Segel

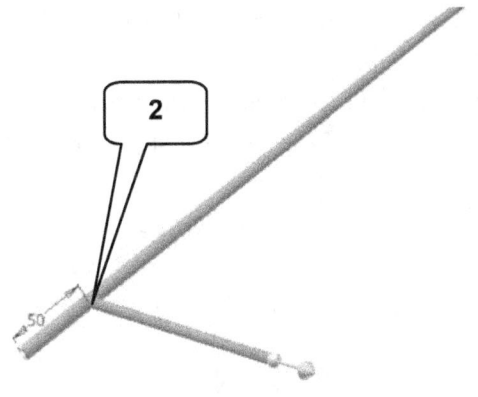

- ➢ **Extrusion** (1)
- ➢ Reiter: Form
- ➢ Profil: Kreis (2) wählen (automatisch)
- ➢ Ausgabe: Volumenkörper (3)
- ➢ Größe: Abstand (4)
- ➢ Wert: [250] mm (5)
- ➢ Richtung: 1 (6)
- ➢ Reiter: Weitere Optionen
- ➢ Verjüngung: [-0,3] Grad (7)
- ➢ **OK**

9.6 Basisskizze des Segels zeichnen

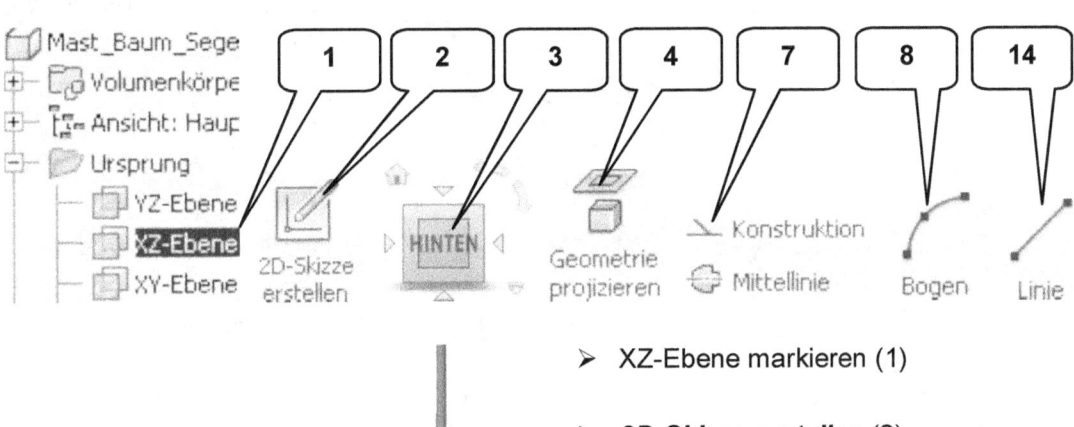

- ➢ XZ-Ebene markieren (1)

- ➢ **2D-Skizze erstellen** (2)

- ➢ **ViewCube-Ansicht: HINTEN** (3)

- ➢ **Geometrie projizieren** (4)
- ➢ Außenkante des Masts (5) und Außenkante des Baums (6) projizieren
- ➢ Taste: ESC
- ➢ Fenster über projizierte Linien ziehen

- ➢ **Konstruktion** (7)
- ➢ Taste: ESC

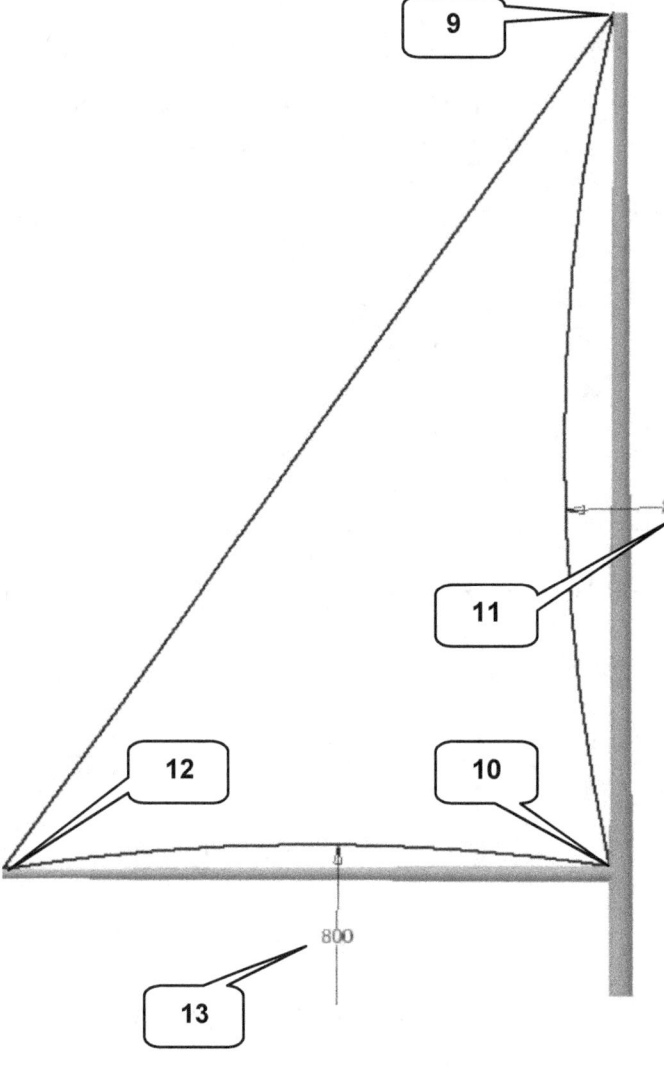

- **Bogen durch drei Punkte** (8)
- 1. Punkt: Punkt (9) wählen
- 2. Punkt: Punkt (10) wählen
- Maus etwas nach links ziehen
- Bogenradius: [800] mm (11)
- Taste: ENTER
- Taste: ESC

- **Bogen durch drei Punkte** (8)
- 1. Punkt: Punkt (10) wählen
- 2. Punkt: Punkt (12) wählen
- Maus etwas nach oben ziehen
- Bogenradius: [800] mm (13)
- Taste: ENTER
- Taste: ESC

- **Linie** (14)
- 1. Punkt: Punkt (9) wählen
- 2. Punkt: Punkt (12) wählen
- Taste: ESC

- **Skizze fertig stellen**

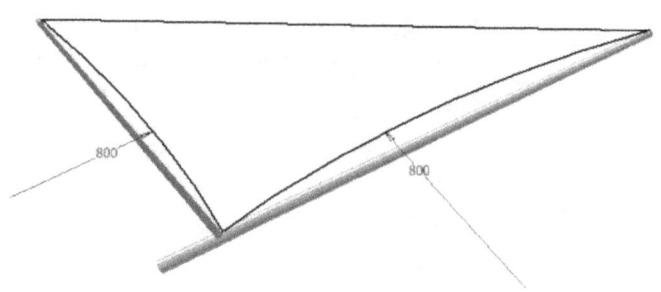

9.7 Segel als Flächenelement (Umgrenzungsfläche) erzeugen

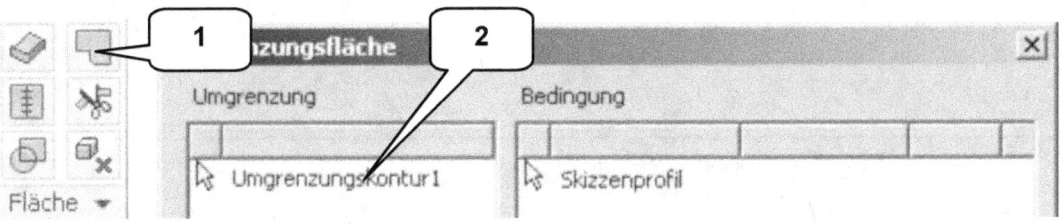

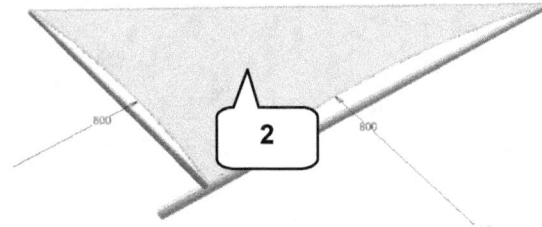

- **Umgrenzungsfläche** (1)
- Umgrenzungskontur: Fläche wählen (2)
- **OK**

9.8 Farben zuweisen, Datei speichern und schließen

- „Mast_Baum_Segel" im Modellbaum markieren (1)
- Farbe „Treibholz" zuweisen (2)
- Taste: ESC

- **Speichern**
- **Datei schließen**

Voraussetzung für den Befehl „Umgrenzungsfläche" ist eine geschlossene 2D-Kontur. Sollte die Kontur nicht erkannt werden, muss in die Skizze zurückgewechselt werden und die Kontur dort geschlossen werden (rechte Maustaste auf eine der Linien > Kontur schließen). Eine „Umgrenzungsfläche" stellt eine gewichtslose Fläche dar, welcher später Material hinzugefügt werden kann (Befehl: Verdickung/ Versatz).

10 Baugruppe „BG_Speedboot"

Agenda

- Baugruppe „BG_Speedboot" erzeugen
- Platzieren der Bauteile
- „Rumpf_Speedboot" aus der Baugruppe heraus bearbeiten
- Bohrung für Antriebswelle in den Rumpf einfügen
- Bohrung spiegeln
- Schiffsschraube drehen
- Schiffsschraube von Bohrung abhängig machen
- Schiffsschraube spiegeln
- Bauteil „Reling" aus der Baugruppe heraus erstellen
- Erste 2D-Skizze zeichnen
- Zweite 2D-Skizze zeichnen
- Sweepen der ersten Strebe
- 3D-Skizze für Anordnung erstellen
- Strebe kopieren und entlang der Rumpfkante anordnen
- 2D-Skizze für Handgriff zeichnen, 3D-Skizze reaktivieren
- Handgriff sweepen
- Spiegeln der Reling
- Farben zuweisen, Datei speichern

10.1 Baugruppe „BG_Speedboot" erzeugen

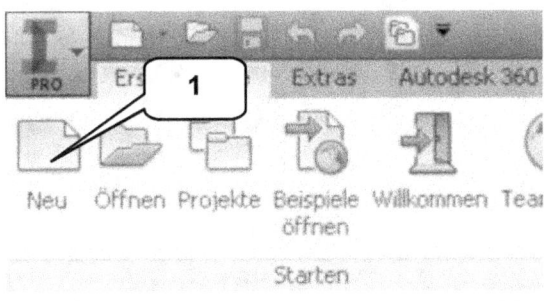

- **Neu** (1)
- Templates (2)
- Baugruppe: Norm.iam (3)
- **Erstellen** (4)

- **Speichern** (5)
- Dateiname: [BG_Speedboot] (6)
- **Speichern** (7)

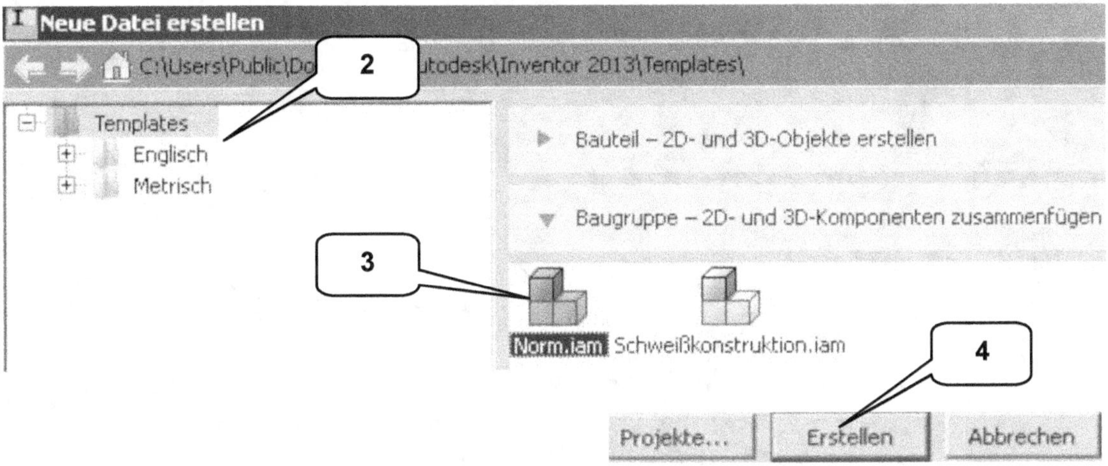

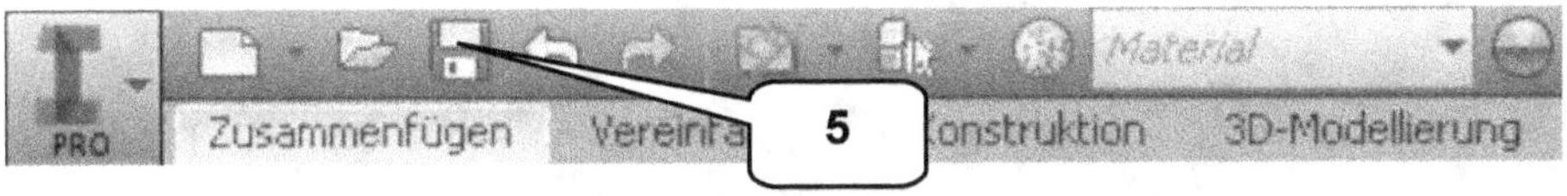

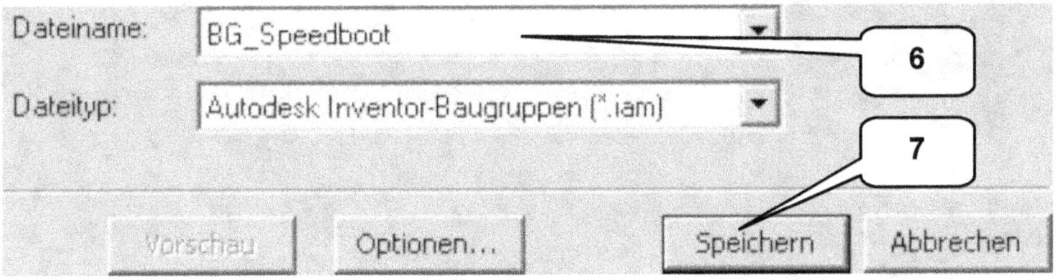

10.2 Bauteile platzieren

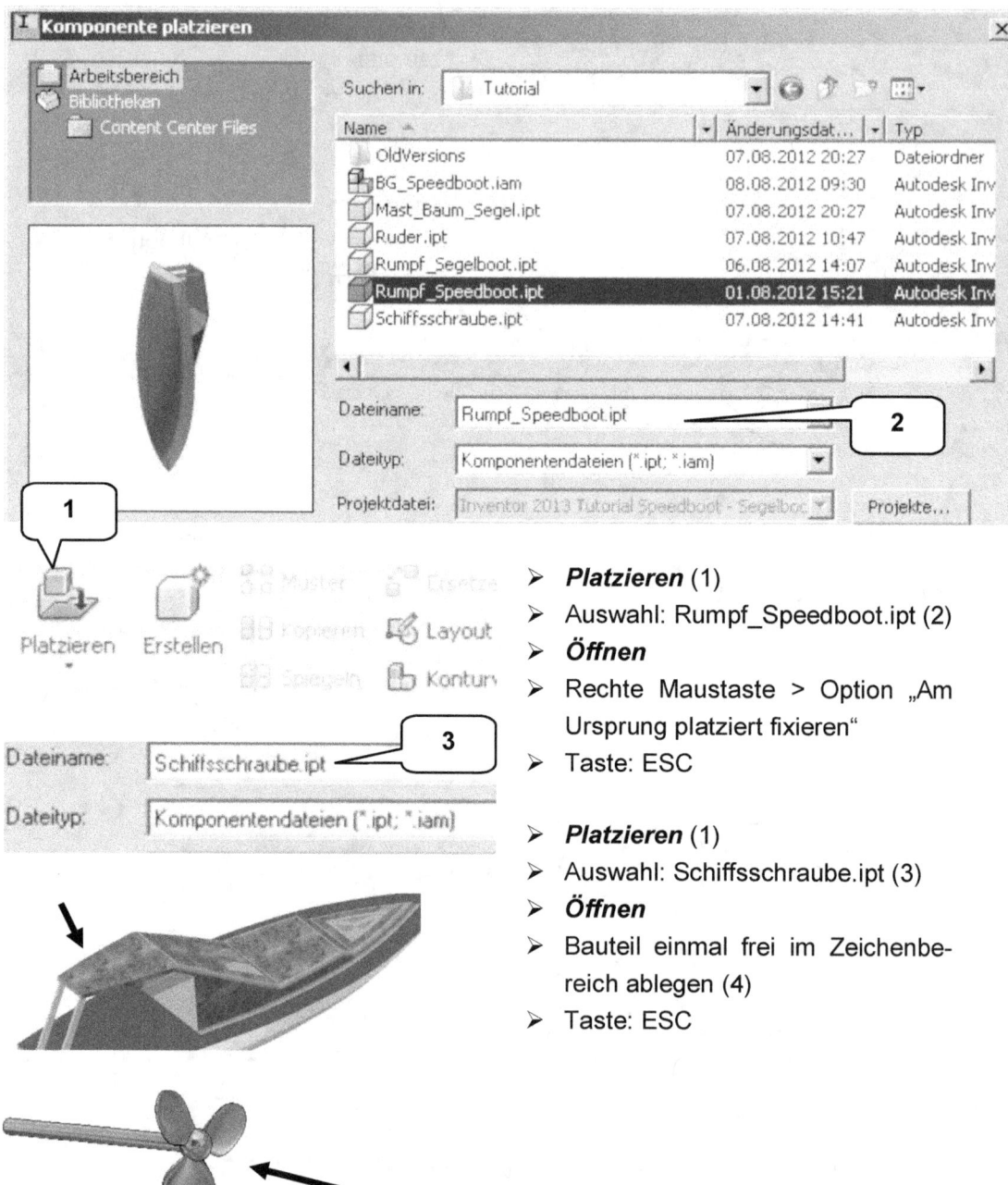

- **Platzieren** (1)
- Auswahl: Rumpf_Speedboot.ipt (2)
- **Öffnen**
- Rechte Maustaste > Option „Am Ursprung platziert fixieren"
- Taste: ESC

- **Platzieren** (1)
- Auswahl: Schiffsschraube.ipt (3)
- **Öffnen**
- Bauteil einmal frei im Zeichenbereich ablegen (4)
- Taste: ESC

Baugruppe „BG_Speedboot"

10.3 „Rumpf_Speedboot" innerhalb der Baugruppe bearbeiten

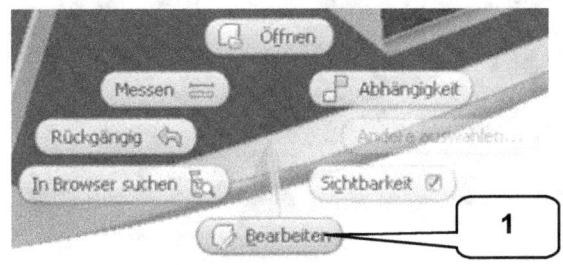

> Rechte Maustaste auf Bauteil „Rumpf_Speedboot"
> Option: Bearbeiten (1)

> (Programm wechselt in den Bearbeitungsbereich des Bauteils)

10.4 Bohrung für Antriebswelle in den Rumpf einbringen

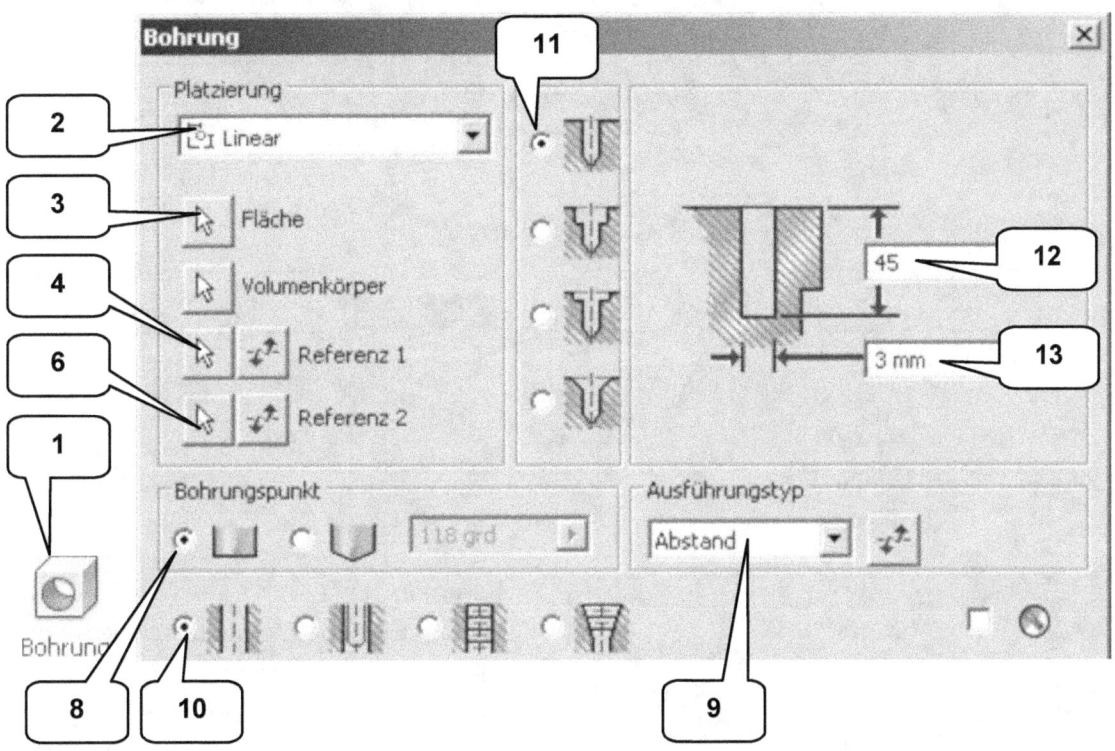

> ***Bohrung*** (1)
> Platzierungstyp: Linear (2)
> Fläche: Fläche (3) wählen (unterer Teil des Rumpfes, Fläche am Heckbereich)
> Referenz 1: Kante (4) wählen (Rumpf)
> Abstand: [45] mm (5)
> Referenz 2: Kante (6) wählen (Strebe)

> Abstand: [0] mm (7)
> Bohrungspunkt: Flach (8)
> Ausführungstyp: Abstand (9)
> Option: Einfache Bohrung (10)
> Option: Bohren (11)
> Bohrungstiefe: [45] mm (12)
> Bohrungsdurchmesser: [3] mm (13)
> ***OK***

Baugruppe „BG_Speedboot"

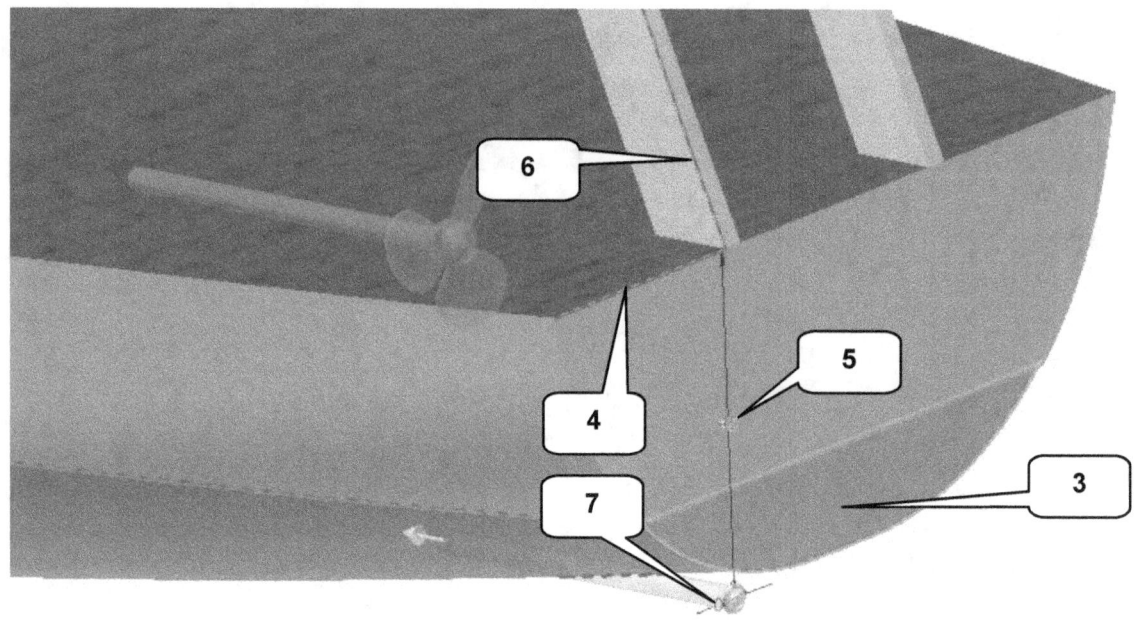

10.5 Bohrung für Antriebswelle spiegeln

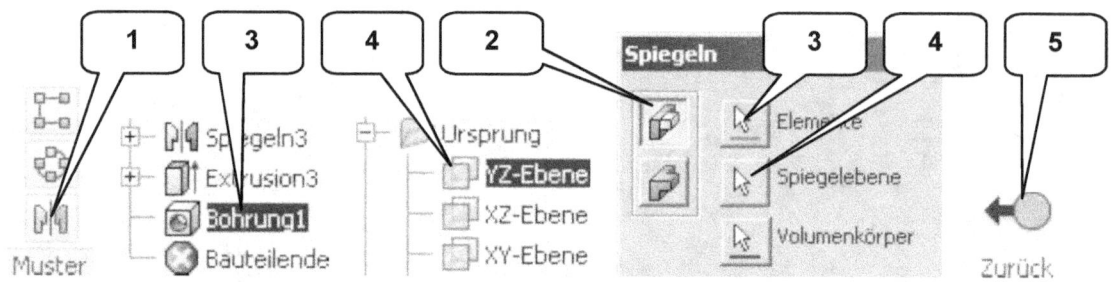

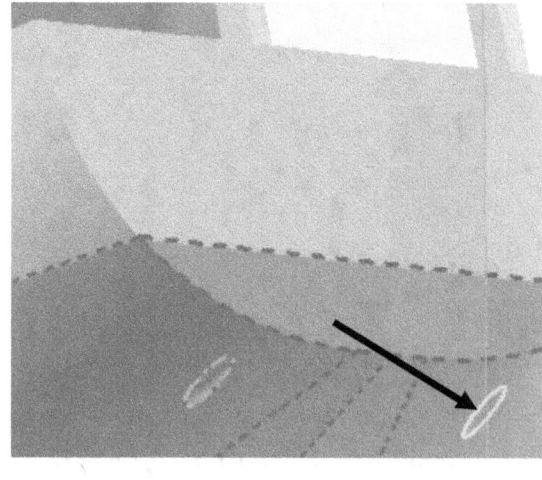

- ➤ **Spiegeln** (1)
- ➤ Option: Einzelne Elemente spiegeln (2)
- ➤ Elemente: Bohrung wählen (3)
- ➤ Spiegelebene: YZ-Ebene wählen (4) (Ordner „Ursprung" des Bauteils „Rumpf_Speedboot", nicht die YZ-Ebene der Baugruppe!)
- ➤ **OK**

- ➤ **Zurück** (5)

- ➤ (Programm wechselt in den Baugruppenbereich zurück)

Baugruppe „BG_Speedboot"

10.6 Ausrichtung der Schiffsschraube optimieren

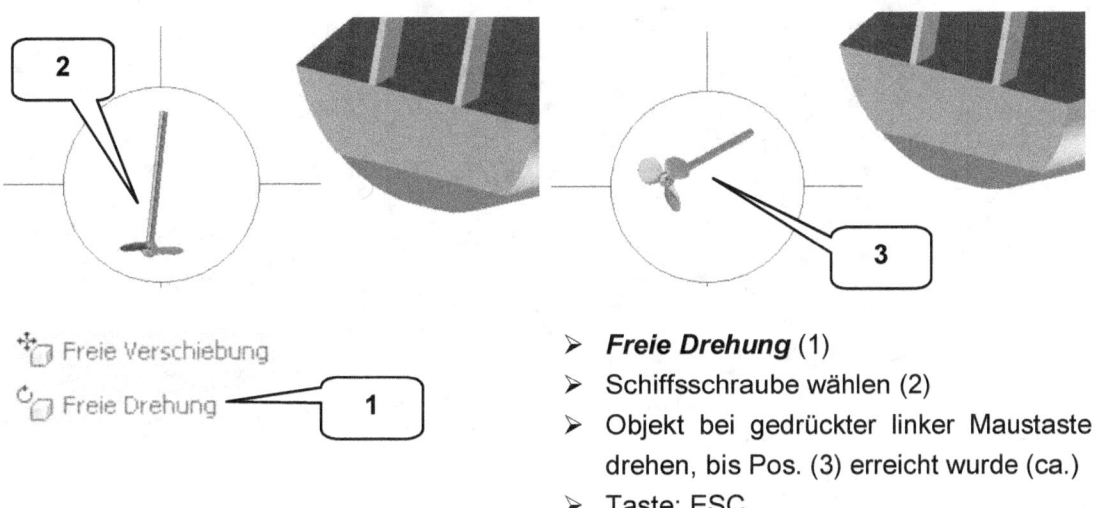

- ➢ **Freie Drehung** (1)
- ➢ Schiffsschraube wählen (2)
- ➢ Objekt bei gedrückter linker Maustaste drehen, bis Pos. (3) erreicht wurde (ca.)
- ➢ Taste: ESC

10.7 Antriebswelle in Bohrung platzieren

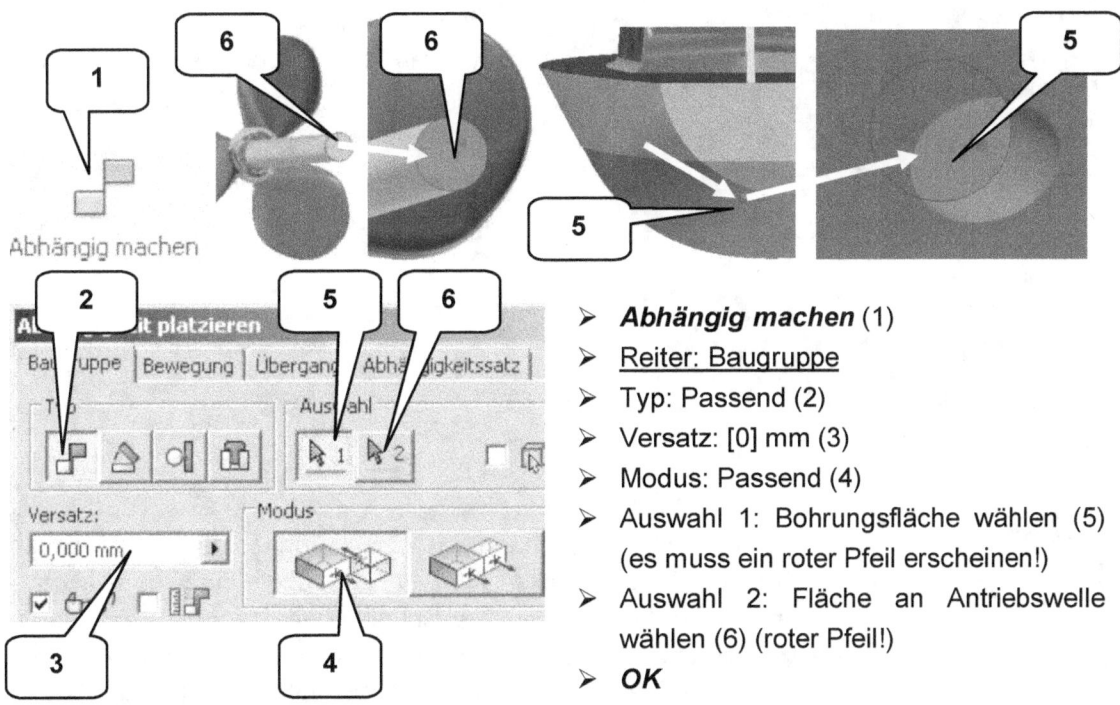

- ➢ **Abhängig machen** (1)
- ➢ Reiter: Baugruppe
- ➢ Typ: Passend (2)
- ➢ Versatz: [0] mm (3)
- ➢ Modus: Passend (4)
- ➢ Auswahl 1: Bohrungsfläche wählen (5) (es muss ein roter Pfeil erscheinen!)
- ➢ Auswahl 2: Fläche an Antriebswelle wählen (6) (roter Pfeil!)
- ➢ **OK**

Vor dem Setzen von Abhängigkeiten sollten die betreffenden Objekte stets in eine günstige Position gedreht werden.

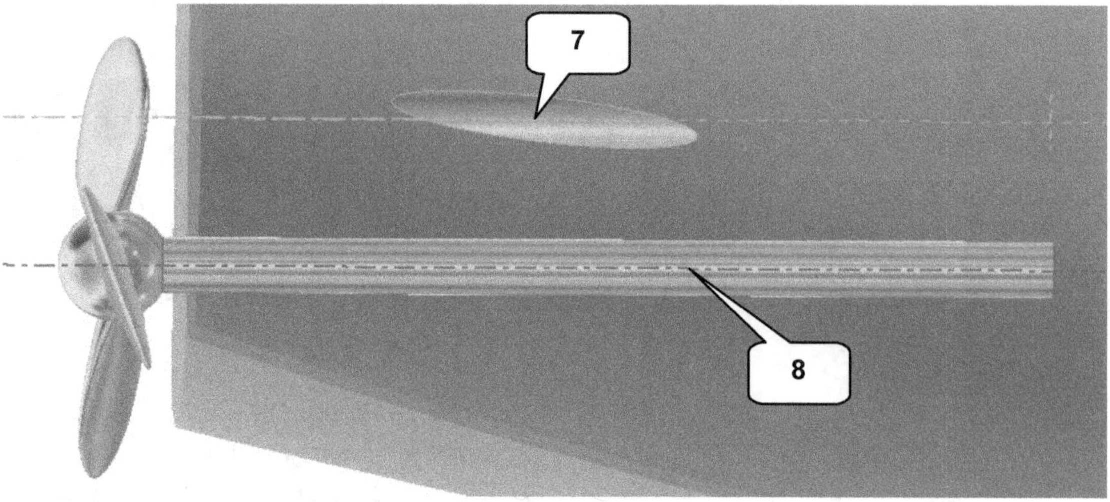

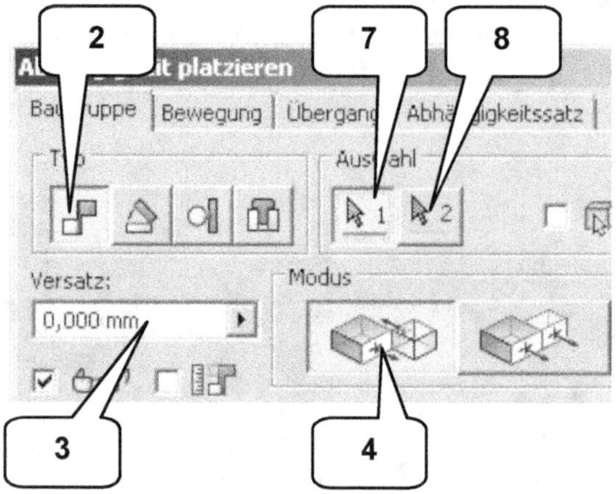

Baugruppe „BG_Speedboot"

- **Abhängig machen** (1)
- Reiter: Baugruppe
- Typ: Passend (2)
- Versatz: [0] mm (3)
- Modus: Passend (4)
- Auswahl 1: Zylinderfläche der Bohrung wählen (7) (es muss eine rote gestrichelte Linie erscheinen!)
- Auswahl 2: Mantelfläche der Antriebswelle wählen (8) (rote gestrichelte Linie!)
- **OK**

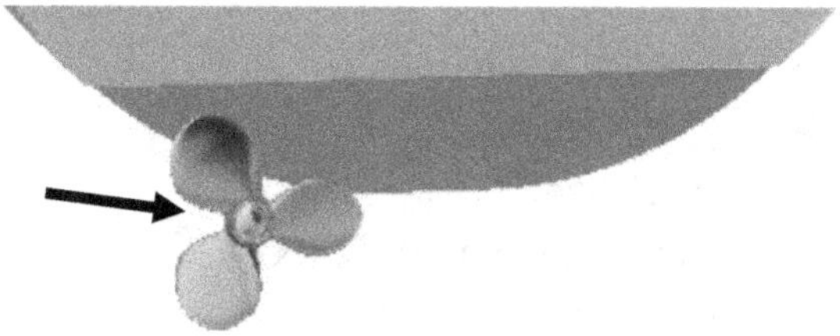

Mit dem Befehl „Abhängig machen" können Ebenen, Flächen, Kanten, Achsen, Ecken oder Punkte voneinander abhängig gemacht werden. Bei der Auswahl der Referenzen ist daher darauf zu achten, welches Symbol in der Voranzeige dargestellt wird. Ein kleiner Pfeil symbolisiert die Auswahl einer Ebene/ Fläche, eine rote gestrichelte Linie symbolisiert die Auswahl einer Kante oder Achse, und ein grüner Punkt symbolisiert die Auswahl einer Ecke/ eines Punktes.

10.8 Schiffsschraube spiegeln

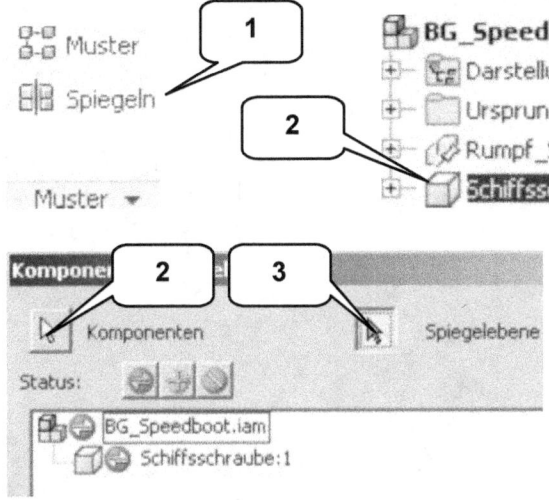

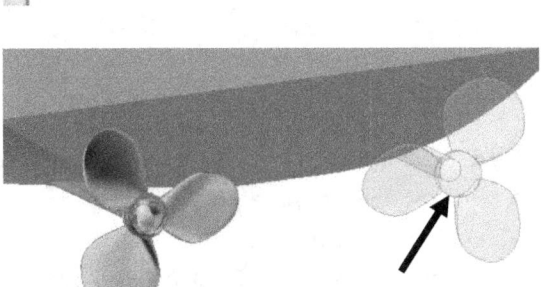

- **Spiegeln** (1)
- Fenster: Status
- Komponente: Schiffsschraube (2)
- Spiegelebene: YZ-Ebene (3) (Ordner „Ursprung" der Baugruppe)
- **Weiter**
- Fenster: Dateinamen
- Aktivieren: Suffix (4)
- Bezeichnung: [_Kopie] (5)
- Komponentenziel: In Baugruppe einfügen (6)
- **OK**

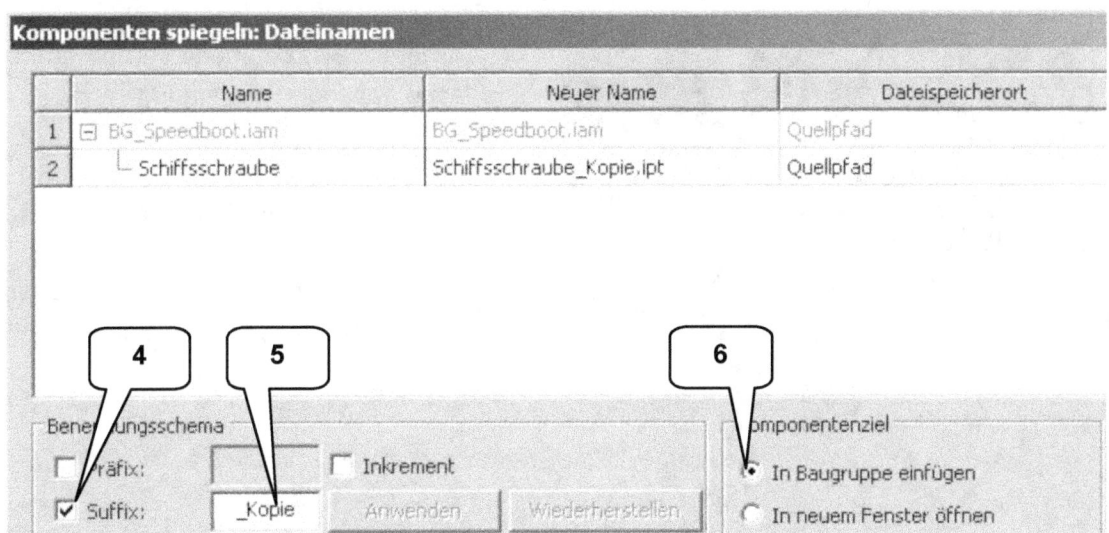

10.9 Bauteil „Reling" aus Baugruppe heraus erstellen

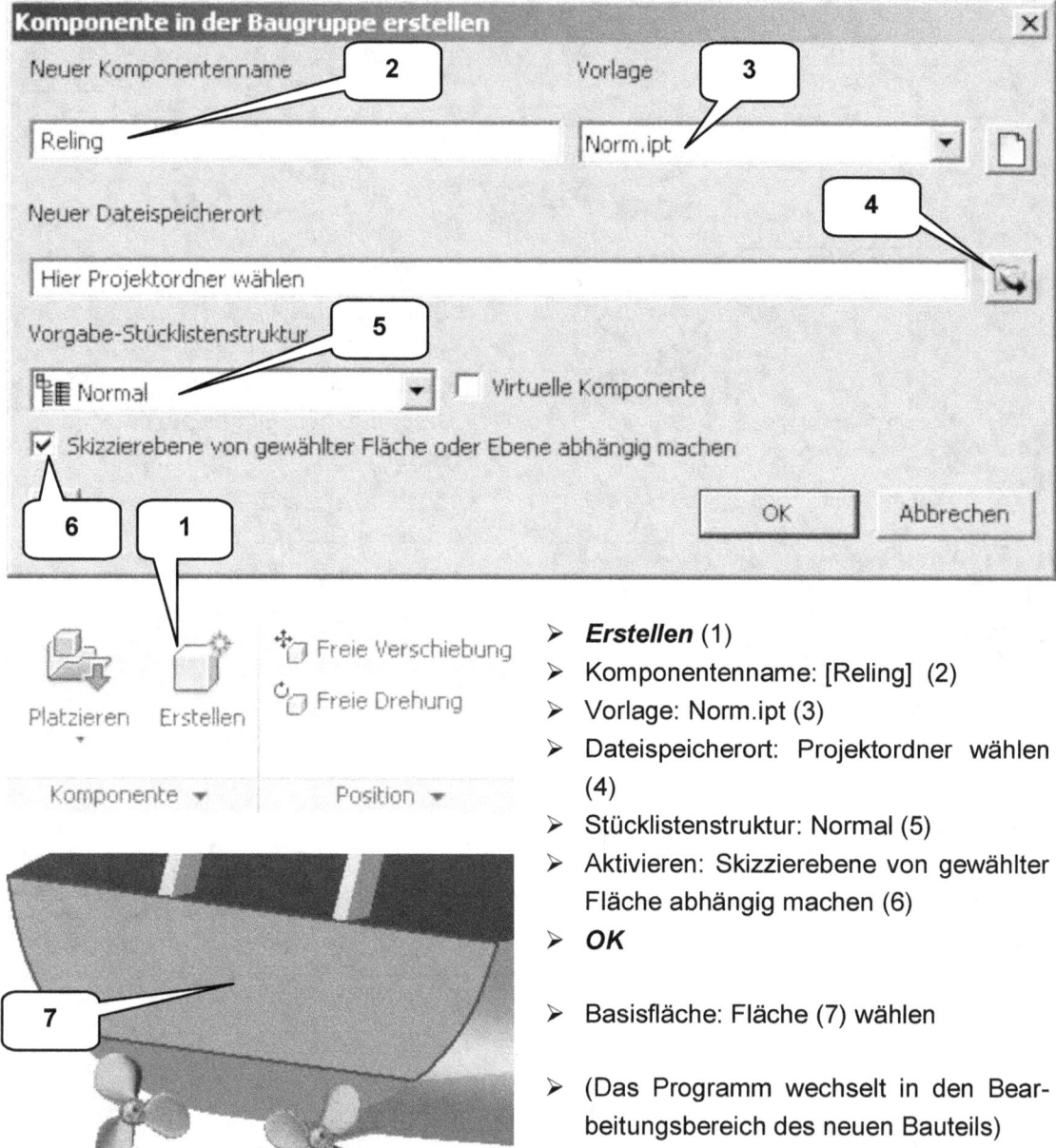

- **Erstellen** (1)
- Komponentenname: [Reling] (2)
- Vorlage: Norm.ipt (3)
- Dateispeicherort: Projektordner wählen (4)
- Stücklistenstruktur: Normal (5)
- Aktivieren: Skizzierebene von gewählter Fläche abhängig machen (6)
- **OK**

- Basisfläche: Fläche (7) wählen

- (Das Programm wechselt in den Bearbeitungsbereich des neuen Bauteils)

10.10 Erste 2D-Skizze zeichnen

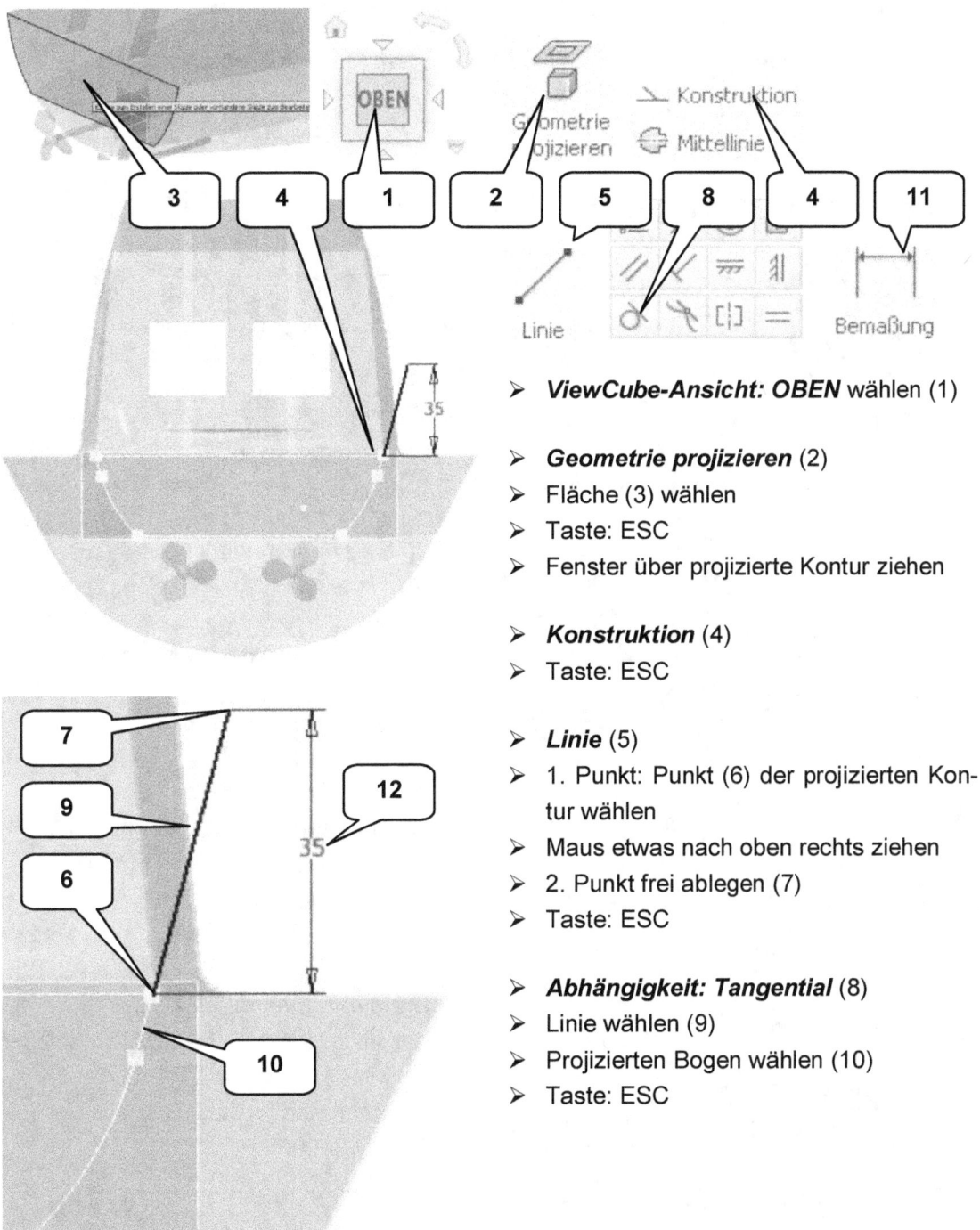

- **ViewCube-Ansicht: OBEN** wählen (1)

- **Geometrie projizieren** (2)
- Fläche (3) wählen
- Taste: ESC
- Fenster über projizierte Kontur ziehen

- **Konstruktion** (4)
- Taste: ESC

- **Linie** (5)
- 1. Punkt: Punkt (6) der projizierten Kontur wählen
- Maus etwas nach oben rechts ziehen
- 2. Punkt frei ablegen (7)
- Taste: ESC

- **Abhängigkeit: Tangential** (8)
- Linie wählen (9)
- Projizierten Bogen wählen (10)
- Taste: ESC

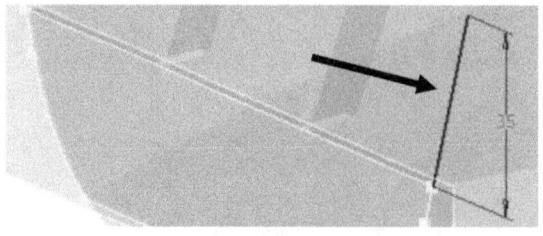

- **Bemaßung** (11)
- Linie wählen (9)
- Maß rechts daneben ablegen (12)
- Wert: [35] mm (vertikal)

- **Skizze fertig stellen**

10.11 Zweite 2D-Skizze zeichnen

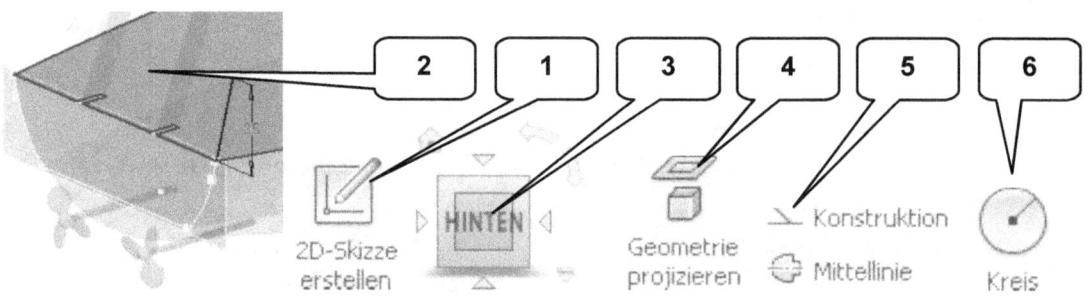

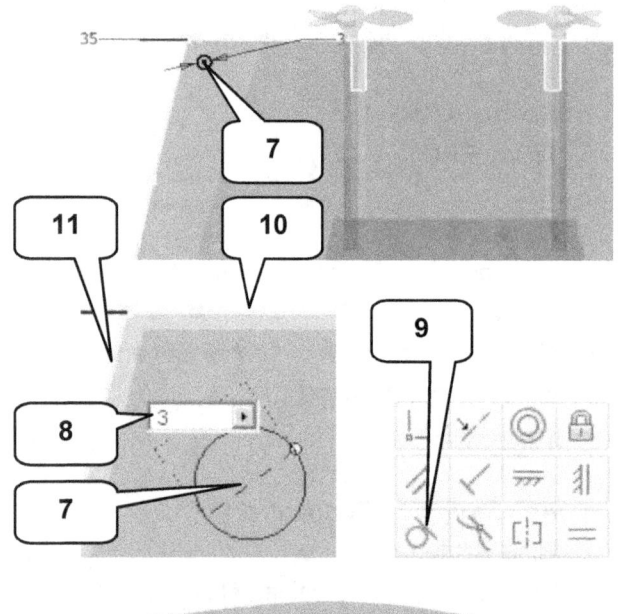

- **2D-Skizze erstellen** (1)
- Markierte Oberfläche wählen (2)

- **ViewCube-Ansicht: HINTEN** wählen (3)

- **Geometrie projizieren** (4)
- Fläche (2) wählen
- Taste: ESC
- Fenster über projizierte Kontur ziehen

- **Konstruktion** (5)
- Taste: ESC

- **Kreis durch Mittelpunkt** (6)
- Kreismittelpunkt auf Pos. (7) ablegen (ca.)
- Durchmesser: [3] mm (8)
- Taste: ENTER
- Taste: ESC

Baugruppe „BG_Speedboot"

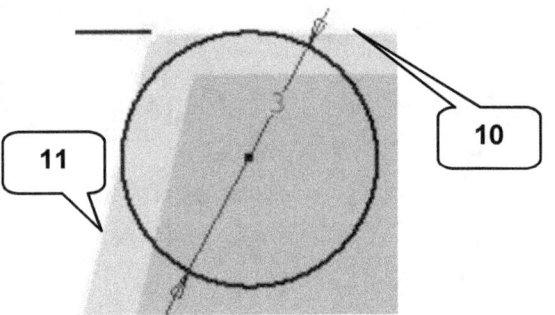

- ➤ **Abhängigkeit: Tangential** (9)
- ➤ Projizierte Linie wählen (10)
- ➤ Kreis wählen
- ➤ Projizierte Linie wählen (11)
- ➤ Kreis wählen
- ➤ Taste: ESC

- ➤ **Skizze fertig stellen**

10.12 Strebe sweepen

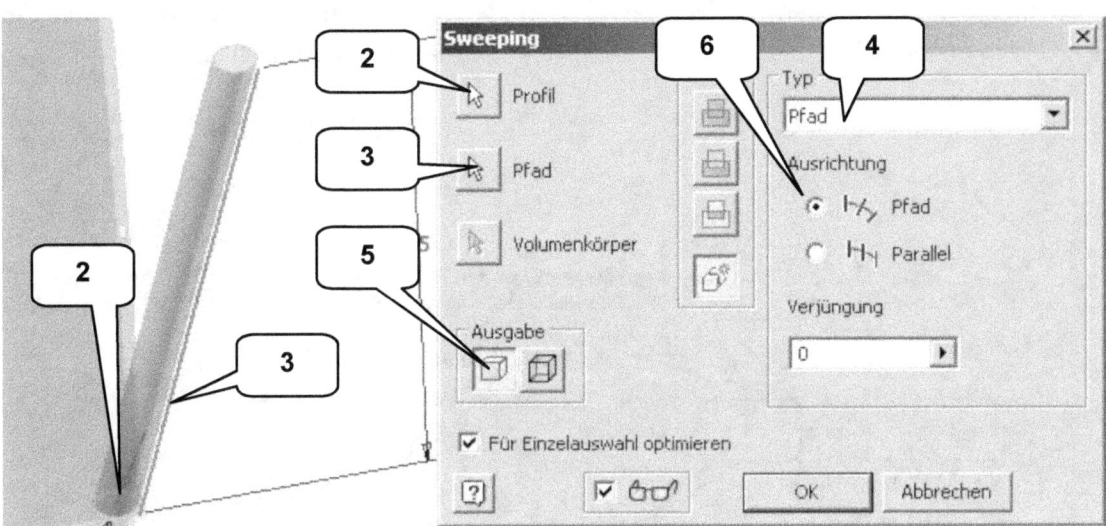

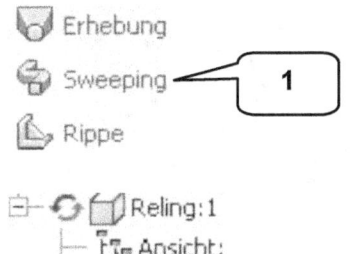

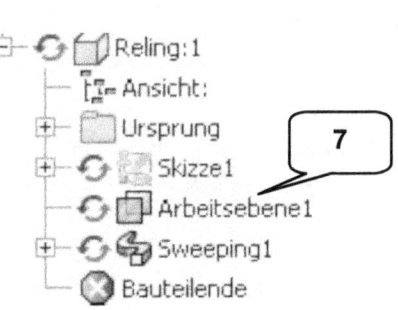

- ➤ **Sweeping** (1)
- ➤ Profil: Kreis wählen (2)
- ➤ Pfad: Linie wählen (3)
- ➤ Typ: Pfad (4)
- ➤ Ausgabe: Volumenkörper (5)
- ➤ Ausrichtung: Pfad (6)
- ➤ **OK**

- ➤ „Pfad schneidet Profil nicht" mit „JA" bestätigen

- ➤ Arbeitsebene ausblenden (7) (rechte Maustaste > Sichtbarkeit deaktivieren)

10.13 3D-Skizze für Anordnung erstellen

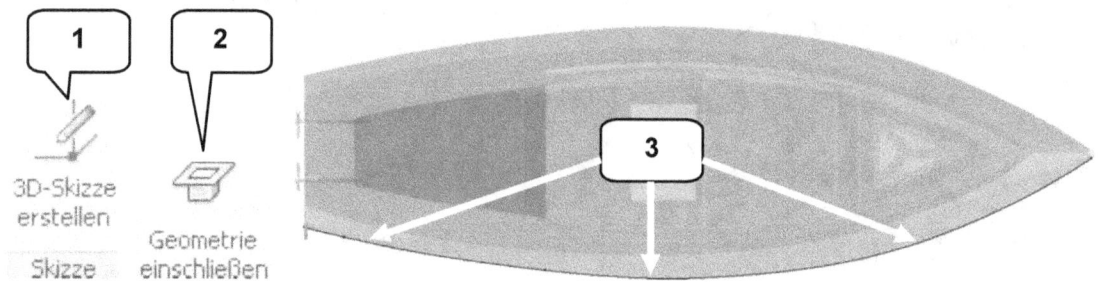

- ➤ **3D-Skizze erstellen** (1) (Befehl befindet sich hinter dem Befehl „2D-Skizze erstellen")

- ➤ **Geometrie einschließen** (2)
- ➤ 3 Kantensegmente des Rumpfes nacheinander wählen (3)

- ➤ **Skizze fertig stellen**

10.14 Strebe entlang der Rumpfkante anordnen

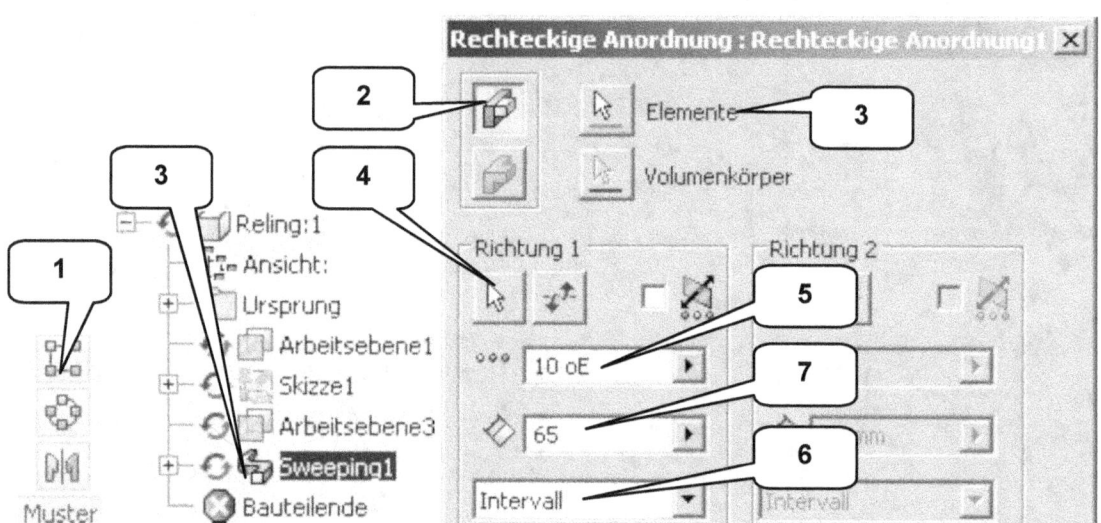

- ➤ **Rechteckige Anordnung** (1)
- ➤ Option: Einzelne Elemente (2)
- ➤ Elemente: „Sweeping1" wählen (3)
- ➤ Richtung1: Projizierte Kante aus 3D-Skizze wählen (4)

- ➤ Anzahl: [10] o. E. (5)
- ➤ Option: Intervall (6)
- ➤ Abstand: [65] mm (7)
- ➤ **OK**

Baugruppe „BG_Speedboot"

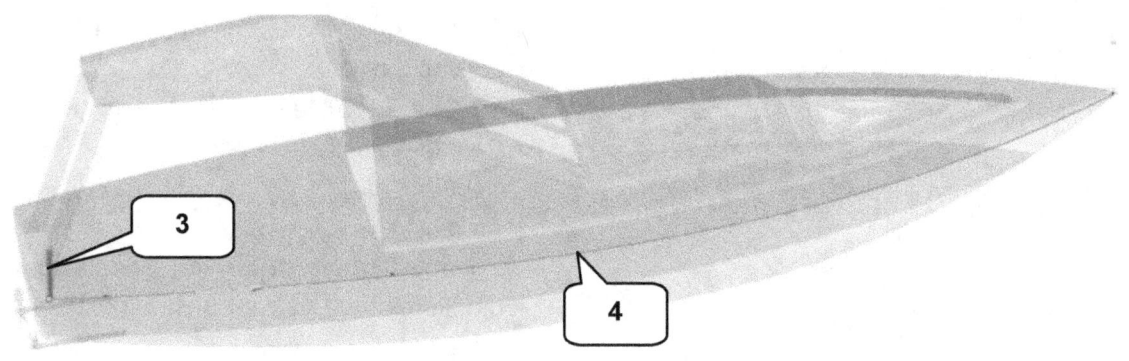

10.15 2D-Skizze für Handgriff zeichnen, 3D-Skizze reaktivieren

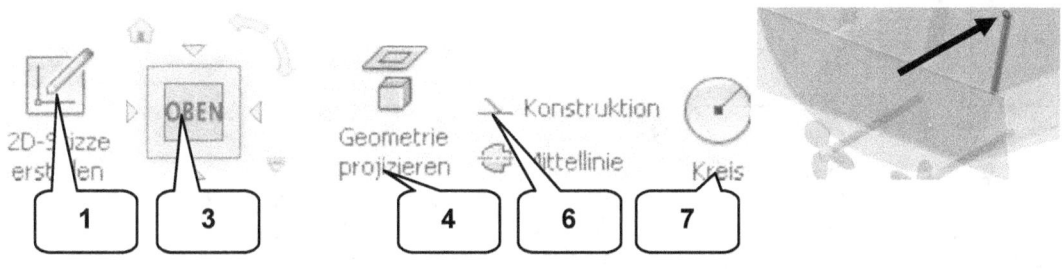

- **2D-Skizze erstellen** (1)
- Fläche wählen (2)

- **ViewCube-Ansicht: OBEN** wählen (3)

- **Geometrie projizieren** (4)
- Erste Strebe wählen (5)
- Taste: ESC
- Fenster über projizierte Kontur ziehen

- **Konstruktion** (6)
- Taste: ESC

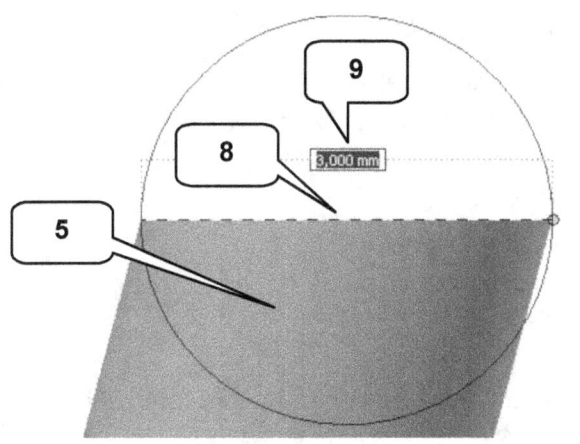

- **Kreis durch Mittelpunkt** (7)
- Mittelpunkt: Mittelpunkt der oberen projizierten Linie der 1. Strebe wählen (8)
- Durchmesser: [3] mm (9)
- Taste: ESC

- **Skizze fertig stellen**

Baugruppe „BG_Speedboot"

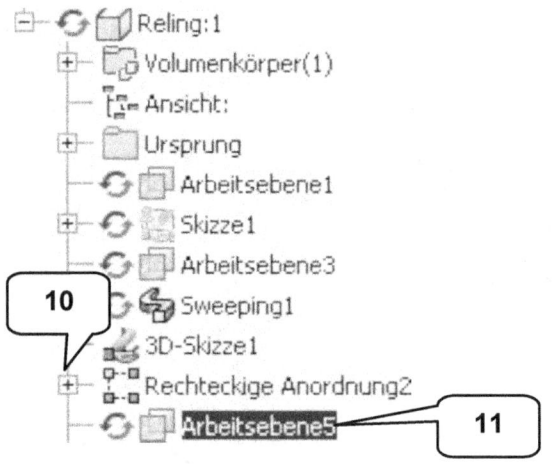

- Rechteckige Anordnung im Modellbaum aufklappen (10)
- 3D-Skizze markieren
- Rechte Maustaste > Skizze wieder verwenden

- Unterste Arbeitsebene im Modellbaum markieren und deren Sichtbarkeit entfernen (11)

10.16 Handgriff sweepen

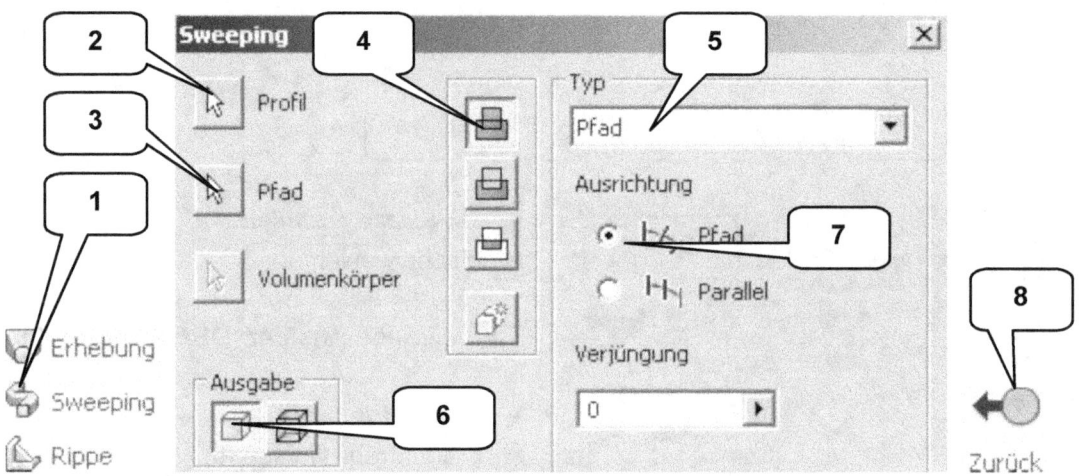

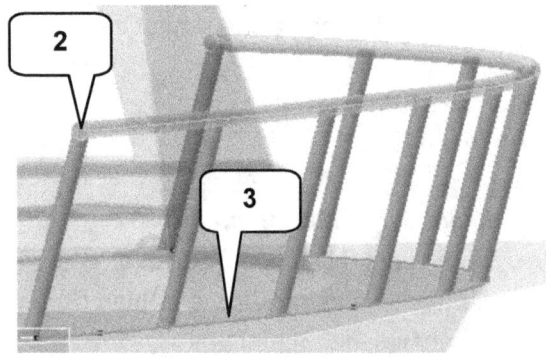

- **Sweeping** (1)
- Profil: Kreis wählen (2)
- Pfad: Linie der 3D-Skizze wählen (3)
- Option: Vereinigung (4)
- Typ: Pfad (5)
- Ausgabe: Volumenkörper (6)
- Ausrichtung: Pfad (7)
- **OK**

- 3D-Skizze ausblenden (rechte Maustaste > Sichtbarkeit deaktivieren)
- **Zurück** (8)

Baugruppe „BG_Speedboot"

10.17 Reling spiegeln

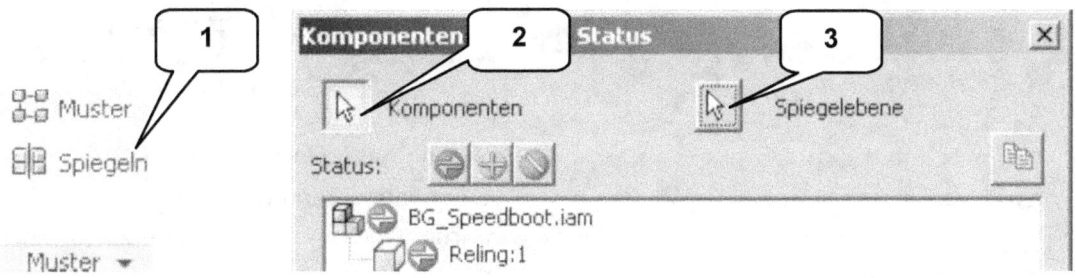

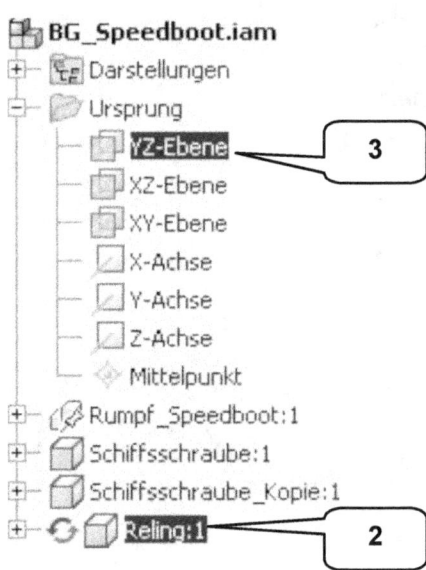

- **Spiegeln** (1)
- Fenster: Status
- Komponente: Reling (2)
- Spiegelebene: YZ-Ebene (3) (Ordner „Ursprung" der Baugruppe)
- **Weiter**
- Fenster: Dateinamen
- Aktivieren: Suffix (4)
- Bezeichnung: [_Kopie] (5)
- Komponentenziel: In Baugruppe einfügen (6)
- **OK**

- Bauteil „Reling_Kopie" im Modellbaum markieren
- Rechte Maustaste
- Option: Fixiert aktivieren

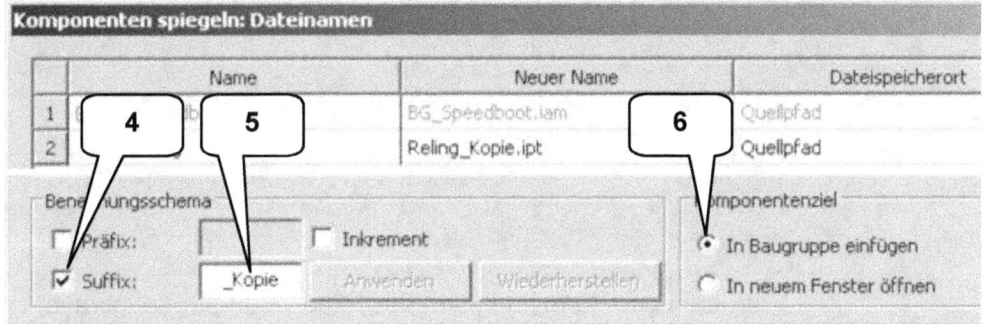

107

Baugruppe „BG_Speedboot"

10.18 Farben zuweisen, Datei speichern

> „Reling" und „Reling_Kopie" im Modellbaum markieren (1)
> Farbe „Chrom - poliert - blau" zuweisen (2)
> Taste: ESC

> **Speichern**
> **Ja für alle** (3)
> **OK**

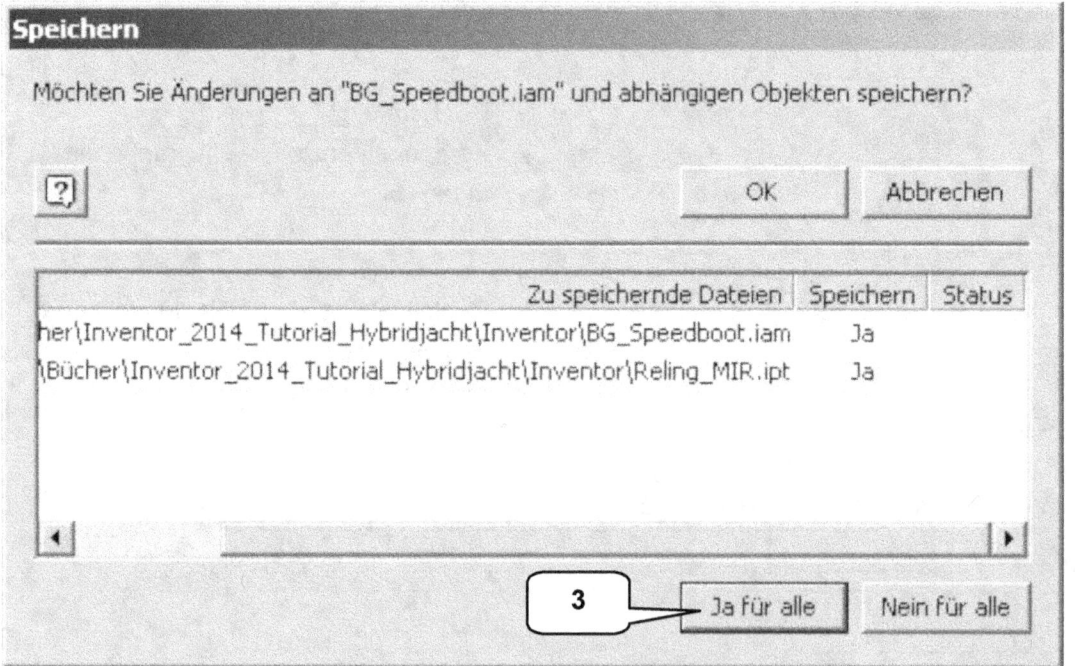

 Wurden neue Komponenten aus einer Baugruppe heraus erzeugt, muss beim Speichern die Option „Ja für alle" aktiviert werden, da die neuen Komponenten ansonsten verloren gehen.

11 Baugruppe „BG_Segelboot"

Agenda

- Kopie der Baugruppe als „BG_Segelboot" speichern
- Schiffsschrauben aus der Baugruppe entfernen
- Bearbeiten der Reling-Höhe aus der Baugruppe heraus
- „Rumpf_Speedboot" durch „Rumpf_Segelboot" ersetzen
- „Mast_Baum_Segel" und „Ruder" platzieren
- Mast an den Aufbauten befestigen
- Ruder am Heck befestigen
- Speichern der Baugruppe

Baugruppe „BG_Segelboot"

11.1 Baugruppe als „BG_Segelboot" speichern

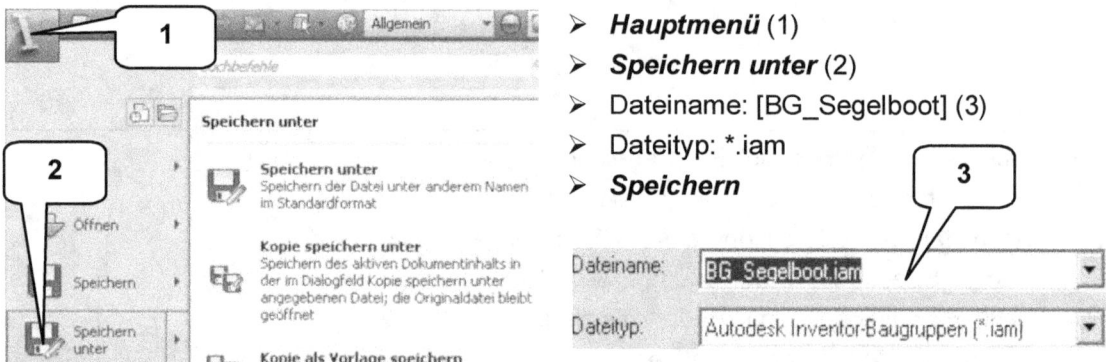

- **Hauptmenü** (1)
- **Speichern unter** (2)
- Dateiname: [BG_Segelboot] (3)
- Dateityp: *.iam
- **Speichern**

11.2 Schiffsschrauben aus Baugruppe entfernen

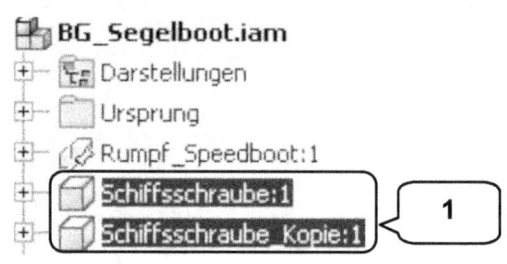

- „Schiffsschraube" und „Schiffsschraube_Kopie" im Modellbaum markieren (1)
- Taste: ENTF (Löschen)

11.3 Reling-Höhe bearbeiten

- Bauteil „Reling" im Modellbaum doppelklicken (1)
- „Sweeping1" erweitern und „Skizze1" doppelklicken (2)
- Maß „35" mm doppelklicken und durch den Wert [20] mm ersetzen (3)

- **Skizze fertig stellen**

Baugruppe „BG_Segelboot"

> ***Zurück*** (4)
> (Die Höhe der Reling sollte sich automatisch auf den neuen Wert aktualisieren. Die Kopie passt sich automatisch an.)

11.4 „Rumpf_Speedboot" durch „Rumpf_Segelboot" ersetzen

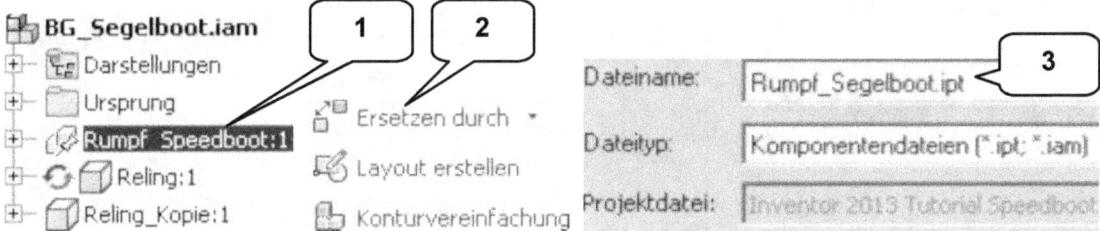

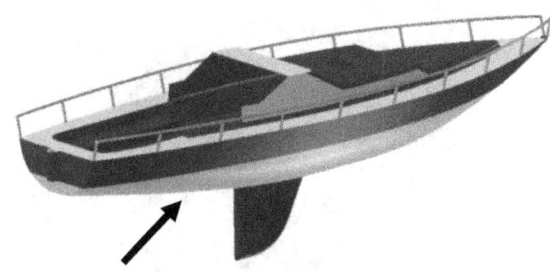

> „Rumpf_Speedboot" im Modellbaum markieren (1)

> ***Ersetzen durch*** (2)
> (Befehl befindet sich in der erweiterten Befehlsgruppe „Komponente")
> Dateiname: Rumpf_Segelboot (3) wählen
> ***Öffnen***

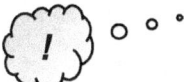

Werden Komponenten einer Baugruppe mittels Befehl „Ersetzen durch" durch eine andere Komponente ersetzt, werden alle Abhängigkeiten übernommen, sofern die geometrischen Bedingungen dies zulassen.

11.5 Bauteil „Mast_Baum_Segel" und „Ruder" platzieren

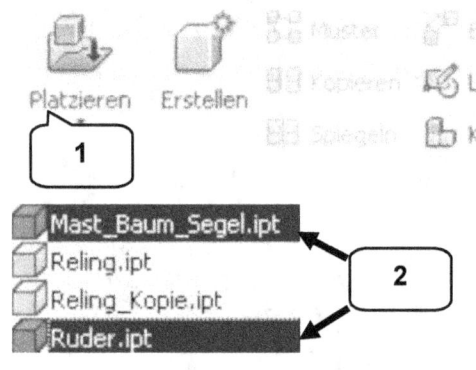

- **Platzieren** (1)
- Auswahl: „Mast_Baum_Segel" und „Ruder" bei gedrückter Taste „STRG" markieren (2)
- **Öffnen**

- Beide Bauteile einmal frei im Zeichenbereich ablegen
- Taste: ESC

11.6 Mast platzieren

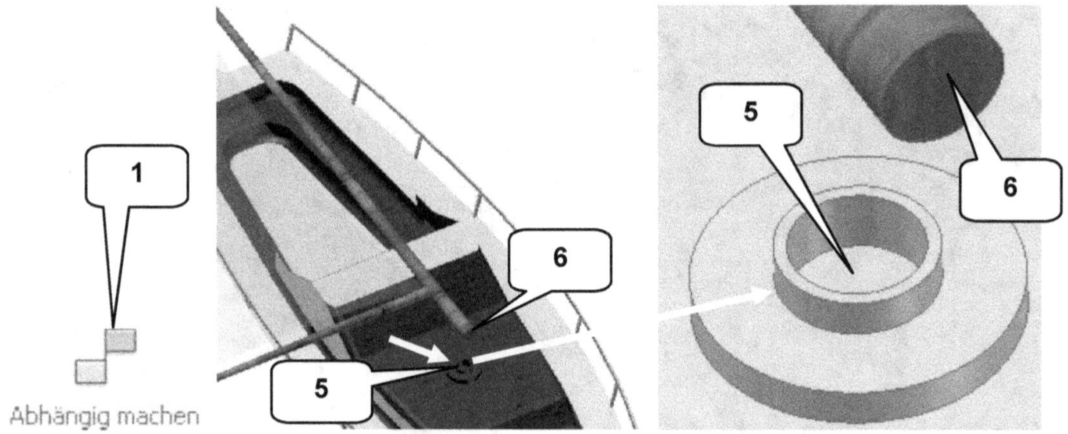

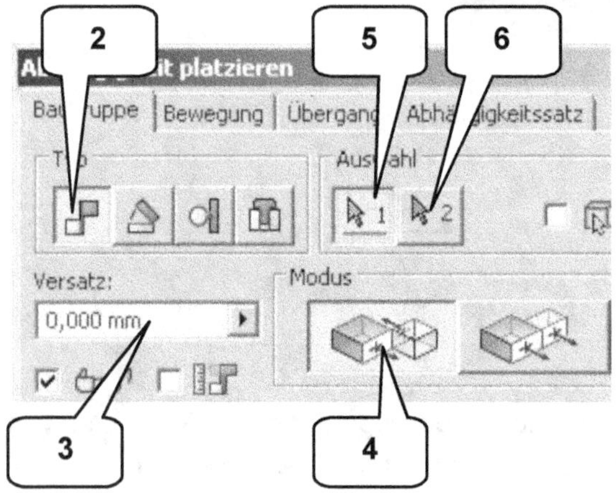

- **Abhängig machen** (1)
- Typ: Passend (2)
- Versatz: [0] mm (3)
- Modus: Passend (4)
- Auswahl 1: Fläche an den Aufbauten wählen (5) (es muss ein roter Pfeil erscheinen!)
- Auswahl 2: Untere Fläche am Mast wählen (6) (roter Pfeil!)
- **OK**

Baugruppe „BG_Segelboot"

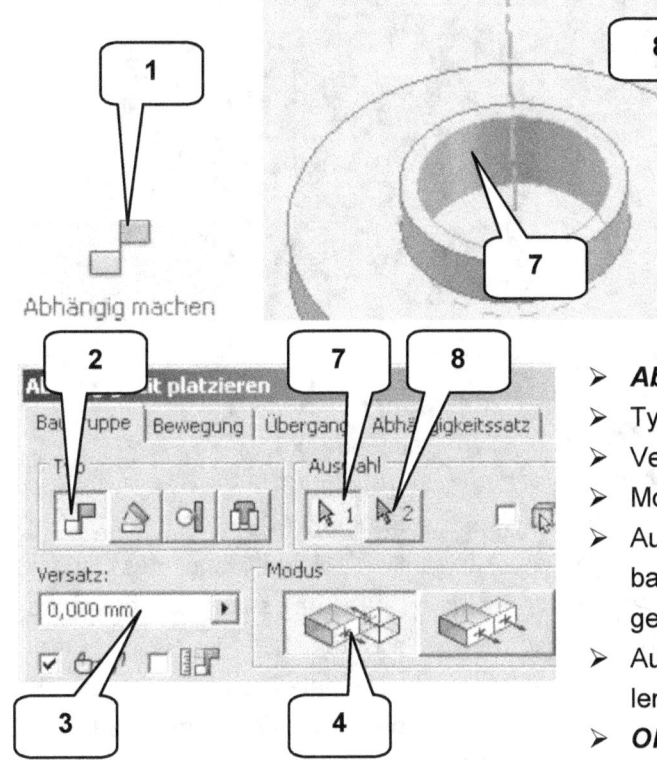

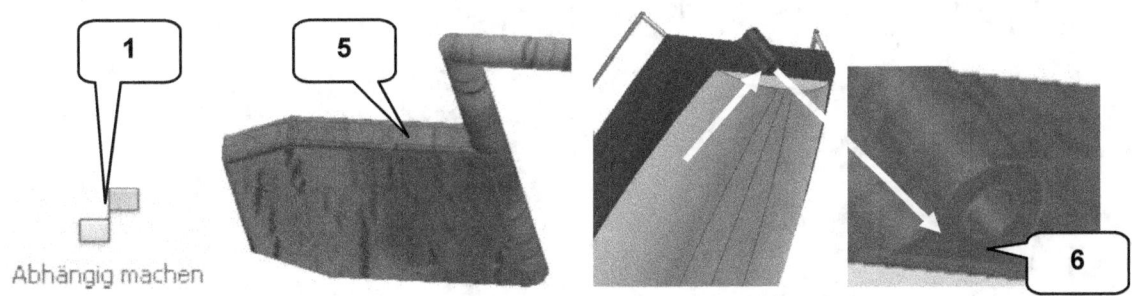

- ➤ **Abhängig machen** (1)
- ➤ Typ: Passend (2)
- ➤ Versatz: [0] mm (3)
- ➤ Modus: Passend (4)
- ➤ Auswahl 1: Zylinderfläche an den Aufbauten wählen (7) (es muss eine rote gestrichelte Linie erscheinen!)
- ➤ Auswahl 2: Mantelfläche am Mast wählen (8) (rote gestrichelte Linie!)
- ➤ **OK**

11.7 Ruder am Heck befestigen

- ➤ **Abhängig machen** (1)
- ➤ Typ: Passend (2)
- ➤ Versatz: [0] mm (3)
- ➤ Modus: Passend (4)

- ➤ Auswahl 1: Fläche am Ruder wählen (5) (ein kleiner roter Pfeil muss erscheinen!)
- ➤ Auswahl 2: Untere Fläche der Ruderhalterung wählen (6) (roter Pfeil!)
- ➤ **OK**

Baugruppe „BG_Segelboot"

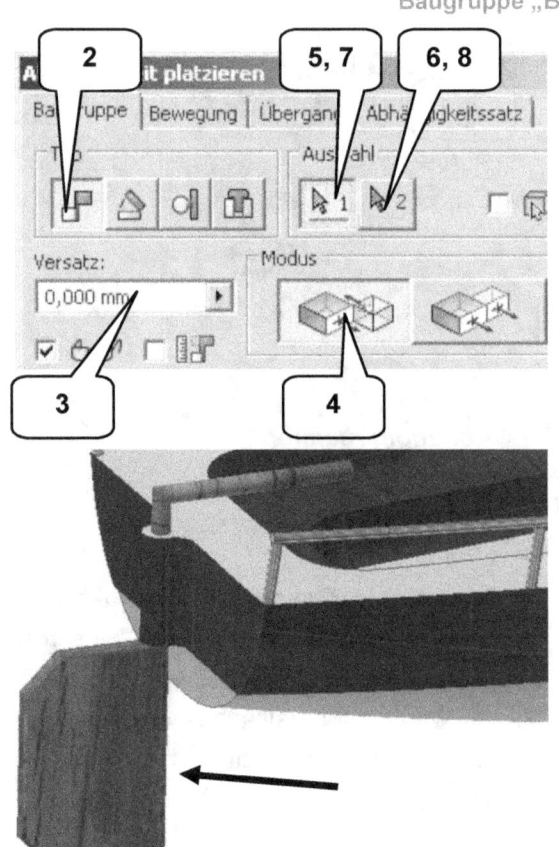

- **Abhängig machen** (1)
- Typ: Passend (2)
- Versatz: [0] mm (3)
- Modus: Passend (4)
- Auswahl 1: Mantelfläche des Ruders wählen (7) (es muss eine rote gestrichelte Linie erscheinen!)
- Auswahl 2: Mantelfläche der Ruderhalterung wählen (8) (rote gestrichelte Linie!)
- **OK**

11.8 Baugruppe sichern

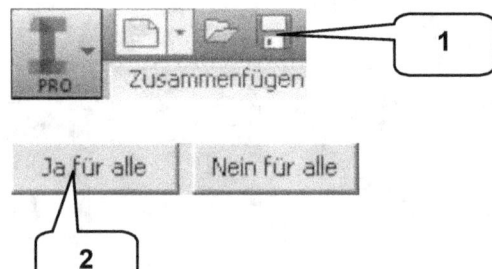

- **Speichern** (1)
- **Ja für alle** (2)
- **OK**

12 Rendern

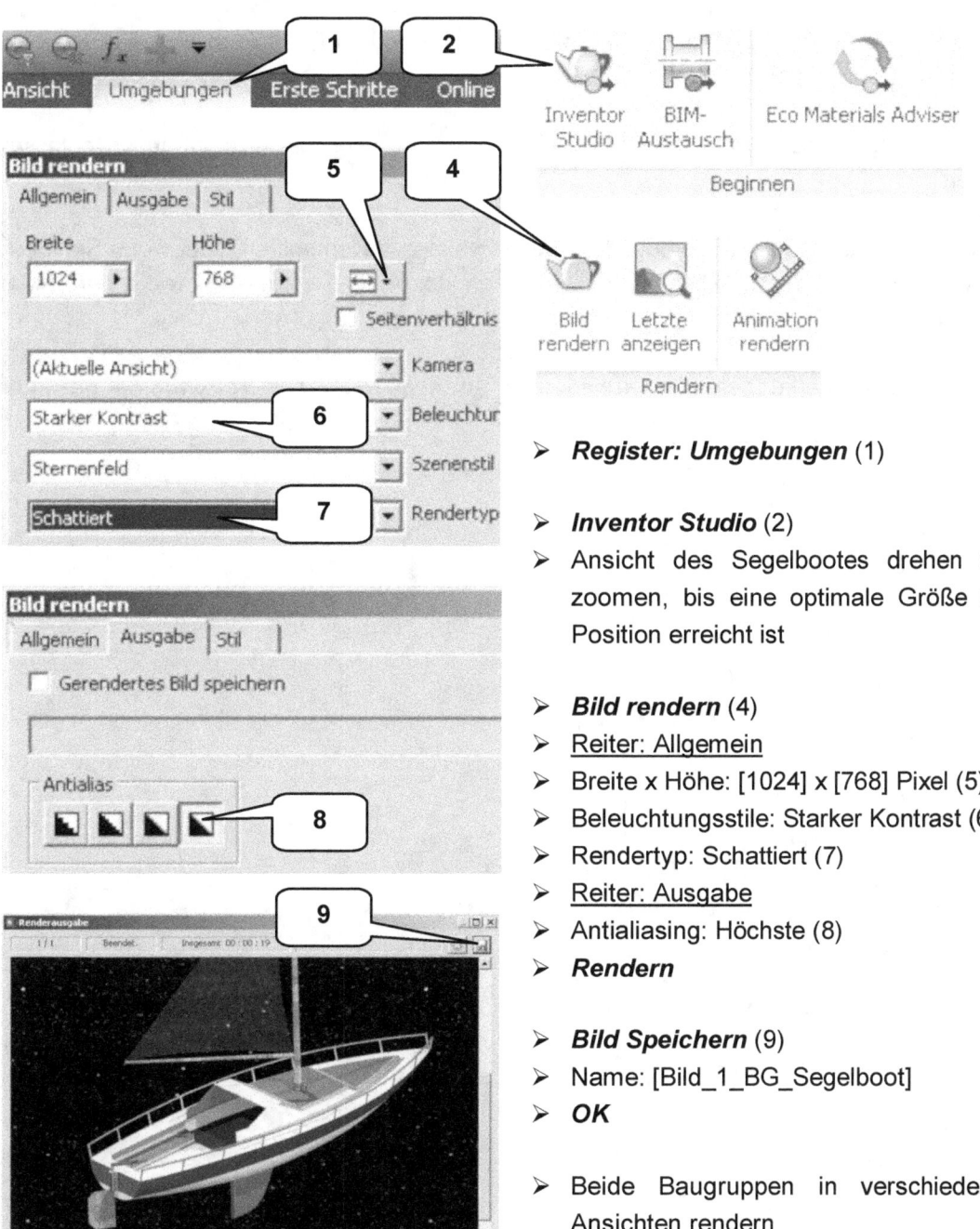

- **Register: Umgebungen** (1)
- **Inventor Studio** (2)
- Ansicht des Segelbootes drehen und zoomen, bis eine optimale Größe und Position erreicht ist

- **Bild rendern** (4)
- Reiter: Allgemein
- Breite x Höhe: [1024] x [768] Pixel (5)
- Beleuchtungsstile: Starker Kontrast (6)
- Rendertyp: Schattiert (7)
- Reiter: Ausgabe
- Antialiasing: Höchste (8)
- **Rendern**

- **Bild Speichern** (9)
- Name: [Bild_1_BG_Segelboot]
- **OK**

- Beide Baugruppen in verschiedenen Ansichten rendern

13 Schlusswort

Der Autor des Buches hofft, dass Sie bei der Arbeit mit dem Programm und dem Übungsprojekt viel Spaß hatten.

Der Inhalt des Buches wurde sorgfältig geprüft. Leider können Fehler nicht ausgeschlossen werden.

Wenn Ihnen während der Arbeit mit dem Buch Fehler auffallen sollten, oder wenn Sie Ideen zur Verbesserung des Inhaltes haben, ist Ihnen der Autor für jeden Hinweis per E-Mail dankbar.

Konstruktive Anmerkungen können jederzeit an *schlieder@cad-trainings.de* gesendet werden.

Vielen Dank.

14 Index

*

1. Skizze ausblenden, Hauptachsen projizieren	23
2D-Skizze auf 1. Arbeitsebene erzeugen	26
2D-Skizze auf 2. Arbeitsebene erzeugen	25
2D-Skizze auf 3. Arbeitsebene erzeugen	22
2D-Skizze auf 4. Arbeitsebene erzeugen	20
2D-Skizze auf XY-Ebene erzeugen	27
2D-Skizze für Basiskörper zeichnen	33
2D-Skizze für Dachverstrebung zeichnen	44
2D-Skizze für das Schwert zeichnen	62
2D-Skizze für die Masthalterung zeichnen	64
2D-Skizze für Differenzkörper zeichnen	35
2D-Skizze für Fensteraussparungen erzeugen	47
2D-Skizze für Handgriff zeichnen, 3D-Skizze reaktivieren	105
2D-Skizze für Lüftungsöffnungen zeichnen	39
2D-Skizze für Materialschnitt zeichnen	52
2D-Skizze für Ruderhalterung zeichnen	59
2D-Skizze für Sitzecke zeichnen	54
2D-Skizze reaktivieren, Sitzbereich extrudieren	56
2D-Skizzen einblenden, Ebenen ausblenden	28
3D-Skizze für Anordnung erstellen	104

A

Achsen projizieren und als Konstruktionsobjekte definieren	20
Antriebswelle in Bohrung platzieren	97
Antriebswelle mittels Zylinder erzeugen	83
Aufbauten (Segelboot)	50
Aufbauten (Speedboot)	32
Aufbauten abrunden (konstante Rundung)	36
Aufbauten mit einer Wandstärke versehen	38
Aufbauten mit Wandstärke versehen	57
Ausrichtung der Schiffsschraube optimieren	97

B

Basiskörper extrudieren	34
Basisrumpf	16
Basisskizze des Baums zeichnen	87
Basisskizze des Masts zeichnen	86
Basisskizze des Ruders zeichnen	69
Basisskizze des Segels zeichnen	89
Baugruppe „BG_Segelboot"	109
Baugruppe „BG_Speedboot"	92
Baugruppe „BG_Speedboot" erzeugen	93
Baugruppe als „BG_Segelboot" speichern	110
Baugruppe sichern	114
Baum extrudieren	88
Bauteil „Mast_Baum_Segel" erstellen	85
Bauteil „Mast_Baum_Segel" und „Ruder" platzieren	112
Bauteil „Reling" aus Baugruppe heraus erstellen	100
Bauteil „Ruder" erstellen	68
Bauteil „Rumpf_Segelboot" öffnen	51
Bauteil „Rumpf_Speedboot" erstellen	17
Bauteil „Schiffsschraube" erstellen	75
Bauteile platzieren	94
Bearbeiten der Anwendungsoptionen	8
Befehle	6
Bodenbereich der Sitzecke extrudieren	55
Bohrung für Antriebswelle in den Rumpf einbringen	95
Bohrung für Antriebswelle spiegeln	96
Bugspitze mit einer Kugel versehen	43
Bugspitze mit einer Kugel versehen	51

D

Dachverstrebung als Rippe erzeugen	45
Dachverstrebung spiegeln	46
Der ViewCube	13
Die Funktionen der Maustasten	13
Die Navigationsleiste	13
Differenzkörper extrudieren	36
Dritte 2D-Skizze zeichnen	79

E

Ebene für neue 2D-Skizze erzeugen	32
Ebene für neue 2D-Skizze erzeugen	37
Ebene für neue 2D-Skizze erzeugen	39
Ebene für neue 2D-Skizze erzeugen	44
Ebenen ausblenden, Datei speichern	49
Ebenen mit Versatz erzeugen	18
Ebenen mit Versatz erzeugen	76
Einleitung	6
Einzelbenutzer-Projekt erzeugen	14
Erste 2D-Skizze zeichnen	77
Erste 2D-Skizze zeichnen	101

F

Farben zuweisen	48
Farben zuweisen, Datei speichern	108
Farben zuweisen, Datei speichern und schließen	66
Farben zuweisen, Datei speichern und schließen	73
Farben zuweisen, Datei speichern und schließen	83
Farben zuweisen, Datei speichern und schließen	91
Fensteraussparungen extrudieren	48
Flügel der Schiffsschraube als Erhebung erzeugen	80
Flügel polar anordnen	81

H

Handgriff sweepen	106
Hilfedatei des Programms	7

I

Inhalt	6

K

Kopie der Datei als „Rumpf_Segelboot" speichern	38
Kostenlose Programmversion	7

L

Linienkonturen zeichnen, bemaßen und abhängig machen	23
Lüftungsöffnung einfügen	42

M

Mast extrudieren	87
Mast platzieren	112
Mast, Baum und Segel	84
Masthalterung als Drehobjekt erzeugen	66
Materialschnitt erzeugen	53

P

Pinne abrunden	72
Pinne als Quader erzeugen	70
Pinne mit Gewinde versehen	72
Projektordner erstellen	7

R

Reling spiegeln	107
Reling-Höhe bearbeiten	110
Rendern	115
Ruder am Heck befestigen	113
Ruder extrudieren	70
Ruder und Pinne	67
Ruderblatt abrunden	73
Ruderblatt fasen	71
Ruderhalterung abrunden	61
Ruderhalterung extrudieren	61
„Rumpf_Speedboot" durch „Rumpf_Segelboot" ersetzen	111
„Rumpf_Speedboot" innerhalb der Baugruppe bearbeiten	95

S

Schiffsschraube	74
Schiffsschraube spiegeln	99
Schiffsschrauben aus Baugruppe entfernen	110

S

Schlusswort	116
Schwert abrunden	63
Schwert extrudieren	63
Segel als Flächenelement (Umgrenzungsfläche) erzeugen	91
Sitzbereich abrunden	58
Steuerungstools und Maustasten	12
Strebe entlang der Rumpfkante anordnen	104
Strebe sweepen	103

T

Trennebene erzeugen	37

V

Verschieben einer Fläche	57
Volumenkörper abrunden (variable Rundung)	29
Volumenkörper als Erhebung erzeugen	28
Volumenkörper in zwei Hälften trennen	37
Volumenkörper spiegeln	31

Z

Zeichnen der ersten Linien mittels dynamischer Werteeingabe	21
Zentralen Kugelkopf erzeugen	82
Zweite 2D-Skizze zeichnen	78
Zweite 2D-Skizze zeichnen	102

www.ingramcontent.com/pod-product-compliance
Lightning Source LLC
Chambersburg PA
CBHW082207220526
45470CB00010B/3078